红枣优质丰产栽培技术

马廷军◎主编

科学技术文献出版社
SCIENTIFIC AND TECHNICAL DOCUMENTATION PRESS
·北京·

图书在版编目（CIP）数据

红枣优质丰产栽培技术 / 马廷军主编. —北京：科学技术文献出版社，2022.7
ISBN 978-7-5189-9392-5

Ⅰ. ①红… Ⅱ. ①马… Ⅲ. ①枣—果树园艺 Ⅳ. ① S665.1

中国版本图书馆 CIP 数据核字（2022）第 128427 号

红枣优质丰产栽培技术

策划编辑：崔 静 责任编辑：张 丹 邱晓春 责任校对：张 微 责任出版：张志平

出 版 者	科学技术文献出版社	
地 址	北京市复兴路15号 邮编 100038	
编 务 部	（010）58882938，58882087（传真）	
发 行 部	（010）58882868，58882870（传真）	
邮 购 部	（010）58882873	
官 方 网 址	www.stdp.com.cn	
发 行 者	科学技术文献出版社发行 全国各地新华书店经销	
印 刷 者	北京时尚印佳彩色印刷有限公司	
版 次	2022 年 7 月第 1 版 2022 年 7 月第 1 次印刷	
开 本	880×1230 1/32	
字 数	98千	
印 张	5 彩插8面	
书 号	ISBN 978-7-5189-9392-5	
定 价	32.00元	

编 委 会

编 写 组

主　编：马廷军

副主编：李晓霞

编　者：张智锋　　王姗姗　　杜永红　　李爱琳

申锋锋　　马　盼　　吕如军　　屈世军

候满伟　　白海霞　　张　硕　　刘海明

高云生　　薛　磊　　屈志成　　李永永

申世永　　白增飞　　叶　伟　　王建新

张永强　　张春妮　　王生源　　白利如

李　艳　　曹　娜　　朱妮妮　　吕惟虎

刘忠玉　　崔　耘　　暴迎春　　薛鹏飞

高鹏飞

序

红枣被列为"五果"（桃、李、栗、杏、枣）之一，被誉为"木本粮食"。李时珍在《本草纲目》中写道："枣味甘、性温，能补中益气、养血生津。"红枣历史文化底蕴深厚，在传统饮食、中药和保健食品中用途广泛，是集药、食、补三大功能于一体的传统果品资源。

枣树是适应性和抗逆性强，抗旱、耐贫瘠，不与粮棉争地的木本粮食。生态脆弱区适合栽植红枣，尤其是黄土高原沿黄生态保护区内，红枣已成为解决适宜区农村发展的重要选择，能很好地协调好经济收入和生态环境改善的矛盾。

我国红枣产量和面积均居世界首位，枣产区覆盖人口达2500万，种植面积约2200万亩，产量达到800余万吨，年产值1000多亿元。优质产区以新疆、陕西、河北、山东、河南等省份为主。

佳县地处黄土高原山区，属黄河中上游地区，是红枣原产中心之一，本区域交通不便，土地贫瘠，水土流失，是榆林市乃至全国典型的贫困地区，但发展红枣产业具有得天独厚的优势。21世纪以来，在突破红枣生产、加工关键技术的基础上，佳县一跃成为榆林市重要的红枣基地，经过多年探索，培育出"佳油1号"抗裂品种，有力推动了红枣增产增收。近20年来的不断探索，积累了丰富的佳县红枣栽培、生产经验，《红枣优质丰产栽培技术》一书便在此基础上应运而生。作者马廷军在多年实践的基础上，将国内先进技术与佳县红枣产业结合，编成此书。本书具有技术新、实用性强的特点，在新品种嫁接、枣病防治等方面提出了很多新的技术措施，对区域红枣产业发展具有很好的指导意义。

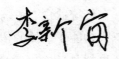

2022 年 7 月

目 录

第一章 概 述

一、枣树的栽培历史

枣树原产中国，是我国重要的果树。它和杧果、椰枣、油橄榄、香蕉、石榴、无花果等，同为世界上起源最早的果树种类，至今已有 4000 多年的栽培历史。在 3000 年前的西周时期，《诗经·豳风·七月》载有"八月剥枣，十月获稻"的诗句。秦汉时期，我国枣树栽培已经相当发达，枣成为一种重要的农产品，经济地位很高。《史记·货殖列传》载："安邑千树枣，燕、秦千树栗，蜀、汉、江陵千树橘，……此其人皆与千户侯等。"《战国策》载苏秦对燕文侯说："……北有枣栗之利。民虽不田作，枣栗之实足食于民矣，此所谓天府也。"足见当时枣、栗栽培在我国北方已很盛行，已被作为重要的木本粮食，受到很大重视。

枣树起源于酸枣。古代人民选择野生棘（即酸枣）中食用品质较好的类型栽种，经过长期培育选择，逐步选出了种性大大超过棘的高产优质的枣树品种。早在汉代，《尔雅·释木》和《尔雅·释草》就记载了 11 个枣的品种。到元代，柳贯所著《打枣谱》记载枣树品种达 72 个之多。清代的《植物名实图考》记述的枣树品种更增加到 87 个。然而，这些古籍的记录，是不完全的，当时民间实有的品种当远远超过此数。与此同时，枣树栽培记述也不断提高和改进，《齐民要术》《便民图纂》《二如亭群芳谱》等古农书均有记载，如"常选好味者，留栽之。候枣叶始生而移之。""选种好者，于二月间种之""枣性硬，其生晚，芽未出移，恐难出""取大株旁条二、三尺高者移种""将根上春间发起的小条移栽，候干如酒钟大，三月终，以生子树贴接之，则结子繁而大""候大蚕入簇，以杖击其枝间，振去狂花，则结实多""正月一日日出时，反斧斑驳推之，名曰'嫁枣'。不推，则花而不实，斫之则子萎而落""端午日，用斧于树上敲打，则肥大"，记载了枣树选种、栽种、嫁接、促进坐果等方面的技术。

据我国古代文献资料，黄河中游的陕、晋河谷一带栽培枣树最早，形成了最早的栽培中心，至今这一带还保存很多介于野生种和栽培种之间的过渡型品种。以后，相邻的冀、鲁、豫等地也逐渐发展起来，慢慢遍布全国多数省（区、市）。例如，宁夏、青海、四川栽培的枣是从陕甘引入的，内蒙古的枣是从山西引入的，贵州的枣是从陕西引入的，湖南、两广的枣是从河南引入的。枣树引入各地后，经过各地长期栽培、驯化和选种，又形成了各地许多地方品种。

陕西佳县泥河沟村，现仍保存有千年老枣树群落。该群落有千年枣树1100余株，其中最大的几株，干周达3米以上，是我国有名的"枣树王"，据考证距今已有1400年历史。佳县千年枣树群，2014年成为全球重要农业文化遗产保护项目。

二、枣树的分布

枣树起源于中国，国外的枣树都是直接或者间接从我国引进的，现已遍及韩国、日本、伊拉克、法国、澳大利亚等五大洲的 50 多个国家。

枣树的抗逆性，适应性很强，在我国分布很广。现在看来，除黑龙江、吉林、西藏少数严寒地区外，其他省（区、市）都有分布。分布区域跨北纬 20°—北纬 43°，东经 76°—东经 124° 的广大范围。在此范围内，红枣的 94% 又集中分布在陕西、山西、河南、河北、山东、新疆六省（区）。随着经济的发展和人们的生活水平的提高，枣树的种植面积有进一步扩大的趋势。榆林市是红枣的原产中心之一，红枣主要分布在清涧、绥德、吴堡、佳县、府谷等沿黄县域。该区域内，人口密集，交通不便，土壤贫瘠，水土流失严重。植被稀少，地上地下，近期可开发的资源稀缺，是榆林市乃至全国典型的贫困地区，但该区域发展红枣产业却有其得天独厚的优势。

三、红枣的药用价值

《本草纲目》记载：大枣"甘，平，无毒。主治心腹邪气，安中，养脾气，平胃气，通九窍，助十二经，补少气、少津液、身中不足，大惊四肢重，和百药。久服轻身延年"。红枣被称为"百药之引"。该书还记载："枣核烧后，研成粉治胫疮"；枣叶可发汗，枣树向北一侧的皮可治眼疾。枣果中的维生素 P

又称芦丁，能防止动脉硬化，有利于血管通畅，降低血压；环磷酸腺苷、儿茶酚对治疗肝炎、毒疮，补血健脑，抗癌和健脑脾强身，具有特殊的疗效而无任何副作用。枣仁炒后有安神作用，能促进睡眠。

第二章　枣树的优良品种

我国枣树资源丰富，品种繁多，据资料介绍有 750 多个品种。为了便于在生产上应用，现将各枣产区具有推广价值的优良品种介绍如下。

一、鲜食品种

1. 蟠枣

因果实形状类似于蟠桃而得名，外形独特、个头大、皮薄、口感鲜嫩脆甜，单果均重 40 g 左右。春季 3 月份开花，4 月份结果，8 月份左右成熟，含糖量高，主要分布在河北、新疆、陕西北部。

2. 月光枣

河北引进，果形奇特，两端呈尖形，平均单果重 10～13 g，果肉脆嫩多汁，蜜甜爽口，含糖量达 30.8%，酥脆程度优于沾化冬枣，成熟期在 8 月中下旬，是罕见的极早熟鲜食品种，当年即可结果。

3. 七月鲜

本产品抗缩果病，多年未发生缩果病危害。抗旱性强，在陕北海拔 800 m 旱地栽培，丰产性强，产量显著高于骏枣、晋枣和狗头枣。抗寒性强于山西梨枣、沾化冬枣和大雪枣。

4. 冬枣

陕西冬枣（亦称大荔冬枣、苹果枣、冰糖枣）是西北地区的一个优质早熟鲜食品种。冬枣属于鼠李科，枣属。是无刺枣树的一个晚熟鲜食优良品种，分布于陕西、山西、山东及河北等地。

5. 梨枣

梨枣又名大铃枣、脆枣等，树势中庸，发枝力强，树体中大，当年栽植当年结果，果实多数似梨形，为枣树中稀有的名贵鲜食品种。梨枣又可指梨子和枣子，或为书版的代称，或指交梨火枣，即道家所说的"仙果"。

二、鲜食制干兼用品种

1. 佳油 1 号

该品种从佳县油枣中优良单株中选择而来。以当地木枣为砧木，高接后 2 年生平均树高 2.47 m、干高 100.0 cm、冠幅 1.55 m、冠高 1.6 m，单株鲜果产量 4.93 kg，比佳县油枣高 15% 以上。该品种完熟期平均单果重 16.74 g，纵径 4.84 cm，横径 2.92 cm。成熟期较佳县油枣晚 15 天，有效避免了阴雨裂果灾害。

主要用途：制干。

栽培技术要点：北方丘陵沟或平原均适宜栽培，山地需进行高标准整地，应选择土层深、肥力高、光线充足的平地背风向阳坡地，平地采用南北行，水平梯田的山地按梯田走向，无梯田的山地按等高线走向，春季 4 月下旬栽植较好，秋季 10 月中下旬也可栽植。适宜种植范围：适宜在陕北枣产区及相似生态区推广应用。

2. 佳县油枣

分布于陕西佳县、神木，山西保德、河曲的黄河沿岸一带。

树冠多呈圆锥形，树姿开张，干性弱。25 年生植株主干高 1.22 m，干周 0.52 m，树高 6 ~ 8 m，枝展 6.4 m。枣头枝浅红色，年生长量 48 ~ 90 cm，皮孔小而密，灰白色。枣股着生枝刺，通常抽生枣吊 2 ~ 4 个，吊长 15 ~ 23 cm，坐果较多部位 9 ~ 11 节。花量中，第一花序有花 1 ~ 7 朵。枣吊有叶 10 ~ 18 片，叶片中大且厚，卵圆形，深绿色。

果实中大，椭圆形纵径 3.1 ~ 3.7 cm，横径 2.3 ~ 2.9 cm，单果平均重 11.5 g，最大单果重 14.4 g，果面较光滑，皮厚，深红色；肉中厚，白绿色，质较硬；味甜，汁多。鲜枣含糖量 26.65%，含酸量 0.78%，糖酸比 34.17：1，含水量 63.4%，每百克维生素 C 含量为 511.44 mg，折光糖 25.7% ~ 28.5%；干枣含糖量 74.93%，含酸量 1.32%，糖酸比 56.77：1。核小，纺锤形，可食率 97.1%，品质中上，生食制干兼用，制干率 61%（图 2 - 1）。

图 2-1 佳县油枣

3. 延川狗头枣

西北农林科技大学和延川县林业局从延川县当地品种狗头枣中选出兼用品种,于 2001 年 12 月通过陕西省林木良种审定委员会审定。

延川狗头枣的树姿开张,发枝力中等,树冠呈自然圆头形,树干灰褐色,树皮不规则条块状浅裂,易剥落,剥落后皮色暗红。果实大,卵圆形或锥形,似狗头状。单果平均质量 18.7 g,最大 25.4 g,较整齐,外形美观。果肩宽,广圆,梗洼深窄,果顶较细窄,有圆头和平头。果面平整,果皮中厚,褐红色。果肉绿白色,质地致密细脆,汁液多,味酸甜。适宜鲜食和制干,品质优良。鲜枣含可溶性固形物 32%,可食率 84.2%,储藏性好。干枣含糖量 75%,制干率 47%。果核较大,纺锤形,含仁率约 70%。在产地 9 月中旬白熟,9 月下旬脆熟,为鲜食采摘期。10 月上中旬完全成熟,为制干枣采摘期。该品种较抗裂果，但树体抗寒性较差。因变异类型较多，引种时应注意辨别。

该品种适应性一般，要求深厚肥沃的土壤，在土壤条件较差的地方栽培，果实发育瘦小。结果较早，产量较高而稳定，果实大，品质好，宜鲜食。其缺点是对土壤条件要求较高，成熟期遇雨易裂果，应注意防治。

4. 骏枣

主要分布于山西交城瓦窑、磁窑边一带，其次在清徐、文水有少量栽培。

本品果实大，圆柱形或倒卵形。该种树势强健，枝条中密，发枝力较强，树干高大，生长快，结果早，盛果期长，丰产，但产量不稳定，25 年生树单株鲜枣 40 ~ 60 kg。在山西晋中地区 4 月中旬发芽，5 月下旬开花，6 月上旬达到盛花期，9 月下旬成熟。植株抗旱，抗寒，抗碱，抗病虫力均强，适于平川地、边山丘陵沙地栽培。

5. 蛤蟆枣

原产山西永济，在陕北适宜矮化密植，每亩[①] 110 株，适宜鲜食和制干，鲜食和制干品质上等。树势强健，树体高大，树姿较直立，枝条中密粗壮，树冠乱头形。枣股较大，抽吊力中等，每股平均抽生 3.27 吊，枣吊平均长 17.27 cm，最长达 31 cm。叶片大，长卵形，绿色，叶长 5.9 cm，宽 3.11 cm。花量中多，每吊平均着花 57.2 朵，每花序平均 4.11 朵，花大，

---

① 　1 亩 ≈ 666.67 m²。

零级花径 8 mm，1 级花径 7.5 mm，蜜盘大，橘黄色，蕾裂时间在早晨 6 点左右。

6. 赞皇大枣

赞皇大枣又名长枣。分布于河北赞皇一带。果实中大，长圆形或倒卵形，纵径 3.3 ~ 4.2 cm，横径 2.6 ~ 3.1 cm，单果平均重 17 g，最大单果重 29 g。果面光滑，皮厚，暗红色带有黑斑。肉厚，质致密酥脆，汁液多，味浓甜，鲜枣含糖 21% ~ 34%。赞皇大枣核大，长纺锤形，可食率 96.1%，品质上等，为优良的鲜食制干兼用品种，有"金丝大枣"之称，制干率 47%（图 2-2）。

图 2-2　赞皇大枣

7. 壶瓶枣

分布于山西太谷、清徐、平遥等地。果实大，长倒卵形，纵径 4.2 ~ 4.8 cm，横径 2.8 ~ 3.2 cm，大小不均匀，单果平均重

19.53 g，最大重 45 g。果面光滑，皮中厚，深红色。肉厚，白绿色，质地脆而松，味甜，汁中多，鲜枣含糖量 30.35%，含酸量 0.57%，糖酸比 53.25∶1，含水量 58.6%，每百克含维生素 C 为 491.3 mg，折光糖 30.5% ~ 35.8%；干枣含糖量 71.38%，含酸量 3.15%，糖酸比 22.66∶1。核中大，长纺锤体，果核极小，部分枣核软化可食，可食率为 96.8%，品质上等。鲜食制干兼用品种，制干率 57.2%。缺点是不耐贮运，成熟期遇雨裂果。壶瓶枣引种到新疆，在当地适应性强，得到大面积发展，产量显著，被称为新疆大枣，给当地带来了丰厚的经济效益。

8. 板枣

主产于山西稷山，襄汾也有少量栽培。果实小，扁倒卵形，纵径 2.7 ~ 3.6 cm，横径 2.3 ~ 2.8 cm，单果平均重 9.2 g，最大单果重 14 g，果面光滑，皮薄，深红色。肉厚，白绿色，质致密较脆，味甜，汁中多，鲜枣含糖量 33.67%，含酸量 0.36%，糖酸比 93.53∶1，每百克含维生素 C 为 499.7 mg，折光糖 32.1% ~ 36.3%，品质上等。鲜食制干兼用，制干率 64%，晒干后能拉丝，品质好，富有弹性，驰名省内外，为山西四大名枣之一。缺点是果实小，采前落果严重，成熟期遇雨裂果。

9. 彬县晋枣

又名吊枣，分布于陕西彬县境内，泾河两岸。果实特大，长圆柱形，大小均匀，平均纵径 6 cm，平均横径 3.5 cm，单果平均重 22 g，最大果重 50 g。果皮中厚，果面光滑浓红色，果顶稍凹，梗洼宽深。肉厚，白绿色，质地酥脆，汁液中多，味极甜，含糖量 20.59%，含酸量 0.21%；干枣含糖量

78.43%，含酸量 1.25%。核小细长，黄褐色，可食部分占果重的 80%~90%，品质极上，为鲜食制干兼用良种。树势强健，树体高大，结果寿命长，丰产，产量稳定。25 年单株产鲜枣65~80 kg。在产地 4 月中上旬萌芽，5 月下旬开花，果实 9月下旬成熟。植株在坡地、塬地、川地均可栽植，幼树以滩地和塬边生长为宜。该品种主要用于制干做蜜枣（图 2-3）。

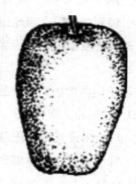

图 2-3　彬县晋枣

10. 金丝小枣

分布于山东的乐陵、无棣、庆云、惠民、寿光及河北沧州、献县、交河等地。果实小，多为椭圆形或倒卵形，单果平均重4~6 g。果皮薄，果面光亮，鲜红。肉质致密细脆，汁液中多，味极甜，清香。干枣含糖量 74%~80%，含酸量 1%~1.5%。品质极上，为优良的鲜食、制干兼用品种。以果实成熟后深红光滑，皮薄坚韧，果型饱满，富弹性，味甘甜、清香而闻名中外，制干率 55%~58%（图 2-4）。

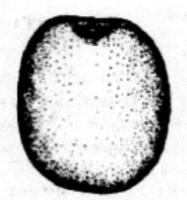

图2－4 金丝小枣

11. 灰枣

又名大枣，分布于河南新郑、中牟、蔚氏、兰考等地。

树冠圆头形，树姿开张。枣头枝红褐色，枣股较大，通常抽生枣吊3～5个，吊长14 cm左右。叶较小，中等厚，长卵形，长3.7～5.7 cm，宽1.53～2.3cm，叶缘有波状锯齿，深绿色。

果实中大，长圆形，纵径3.8 cm，横径2.6 cm，单果平均重13.3 g。果顶微凹，梗洼中深而广。果皮中厚，橙红色，肉厚，质脆，汁液中多，味甜，折光糖32%以上；干枣含糖77.35%。核小细长，可食率92.54%，品质上为优良的鲜食制干兼用品种，制干率55%～60%。缺点是成熟期遇雨裂果。

树势健壮，枝条稀疏，较丰产，25年生树株产鲜枣60 kg。在产地4月中旬萌芽，5月下旬开花，果实9月中旬成熟。植株耐旱，瘠薄，较抗风和盐碱，但对龟蜡介壳虫和枣疯病抵抗力较弱。

三、制干品种

1. 佳县长枣

由佳县红枣办、陕西省科学院从佳县实生苗选育的优良制干品种。2009年3月，陕西省第五次果树品种审定委员会审定通过，在全省推广的优良品种。该品种果实大，圆柱形。纵径5.1 cm，横径3.1 cm，单果平均重18.1 g，最大果重28.9 g，大小不一（图2-5）。

2. 母枣（木枣）

分布于陕西北部黄河沿岸、佳县、清涧、神木一带，以及山西柳林、临县、离石等地。

树冠多呈椭圆形，树姿半开张，干性略强。25年生植株干高1.6 m，干周42 cm，树高7 m左右，枝展3~6 m。枣头枝褐红色，年生长量46~75 cm，皮孔中大较密，黄褐色。枣股肥大，通常抽生枣吊2~5个，吊长12~30 cm，着果较多部位6~7节。花量密，每一花序有花1~9朵。枣吊有叶9~17片，叶片大而厚，长卵圆开，长5~8.2 mm，宽2.2~3.2 mm，先端锐尖，边缘锯齿浅，基部偏圆形，绿色。

果实中大，柱形，纵径3.7~4.7 cm，横径2.4~2.8 cm，单果平均重11 g，最大单果重14 g。果面不光滑，皮厚，深红色，肉绿白色，质致密较硬，味甜，汁少，含折光糖27.2%~31%；干枣含糖量68%，含酸量1.34%，糖酸比50.75:1。核中大，短纺锤形，可食率96.4%，品质中上，适于制干，制干率57.4%。耐贮运，抗裂果。株产鲜枣

40～55 kg，在陕西陕北地区，4月下旬果实成熟。植株抗旱、抗病虫力均强，适于旱地、山坡丘陵地区栽培（图2-6）。

图2-5　佳县长枣

图2-6　母枣

3. 无核枣

又名空心枣、虚心枣。分布于山东乐陵、河北沧县一带。栽培数量不多，是稀有的干制良种。树姿开张，25年生植株高5～6 m，枝展5.5 m。枣头枝黄棕色，皮孔灰白色或黄褐色，花量多，叶片大，卵状披针形，先端渐尖，基部圆阔楔形，深绿色。

果实小，圆柱形，侧面稍偏，中部稍细，大小不均匀，单果平均重4.65 g，最大单果重8～10 g。果皮薄，鲜红色，富有韧性。肉细腻，较松软，汁液多，味甜，含折光糖33%；干枣含糖量75%～78%，含酸量0.8%。核多数退化，果心形成一个无核的空腔，品质上等，制干率53.8%。

树势较弱，发枝力较差，产量较低。在产地果实9月上中旬成熟。植株适应性差，可在深厚肥沃的壤土或粘壤土及水肥条件较好的地区栽培。

4. 赞新大枣

主产于新疆阿克苏地区，是从赞皇大枣的植株变异中选育成的一个优良株系，已经在当地繁育推广。

果实中大，扁柱形，纵径 3.5 ~ 3.7 cm，横径 3.5 ~ 3.8 cm，单果平均重 13.1 g 左右，最大单果重 18.5 g。果面光滑，皮厚，红色。肉中厚，白绿色，质地较脆，汁液多，味甜略酸，含折光糖 28.8% ~ 31.2%，干枣含糖量 53.4%。核小，纺锤形，可食率 97.3%，品质中等，适于制干，制干率 67%。

本品种树势强健，枝条中密，发枝力弱，树体中大，盛果期长且寿命也长。丰产，产量较稳定。25 年生树单株产鲜枣 40 ~ 50 kg。在山西晋中地区，4 月中旬萌芽，5 月中旬开花，6 月上旬盛花期，9 月下旬成熟。植株抗旱耐旱涝，不抗病虫害，适于平川、山地丘陵栽培（图 2-7）。

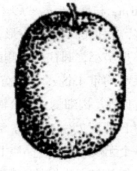

图 2-7　赞新大枣

5. 婆枣

又名串杆、阜平大枣。分布于河北西部、南部及山东北部等地。

果实大，倒卵圆形，大小不整齐，纵径 4.1 cm，横径 3.6 cm，单果平均重 24.4 g，最大单果重 30.1 g。果面不光滑，皮较薄，棕红色。肉厚，绿白色。质地细脆，汁液中多，味甜略酸，鲜枣含糖量 27% 左右，含酸量 0.42% 左右，干枣含糖量达 72.9%。核大，长纺锤形，可食率 96.8%。品质上等，为一个具有发展前途的制干良种。

树势强，发枝力中等。结果早，产量高而稳定，管理简便，1～2 龄枝坐果能力极强。在产地 4 月下旬萌芽，5 月下旬开花，10 月上旬成熟。植株适应性强，抗病虫，适于平川、丘陵及山坡地栽植。

四、观赏品种

1. 龙枣

又叫龙爪枣、蟠龙枣、龙角枣。分布于河北沧县、北京、西安、郑州等地。树冠圆头形，树姿开张，树势较弱，叶小而厚，卵圆形，深绿色。果扁小，圆柱形稍弯，大小均匀，单果重 7 g 左右，纵径 2.9 cm，横径 1.8 cm。皮薄肉厚，质脆，汁少，味甜，为鲜食、制干品种。核较小，呈纺锤形。植株开花，结果性差。多为嫁接繁殖，适应性强，抗病虫和干旱，耐盐碱，喜肥水，由于枝条下垂，具有观赏价值，是庭院美化及培育盆景的优良品种（图 2-8）。

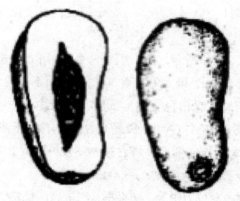

图 2-8 龙枣

2. 磨盘枣

分布范围广，陕西大荔，甘肃庆阳，河北交河、青县、曲周、大名、魏县，山东乐陵、无棣、夏津等地均有零星栽培，栽培历史悠久。

树势健壮，树体高大，树姿开张，树冠呈自然半圆形。适应性较强，抗寒，耐旱，耐盐碱。果实小或中等大，石磨状，胴部有一条缢横中腰，深宽各 2～3 mm。平均单果重 7 g 左右，最大单果重 13.7 g，大小不均匀。果皮厚，紫红色，有光泽，抗裂。果肉质地粗松，汁液少，甜味较淡，微有酸味。为观赏品种，多用于四旁地、庭院栽植（图 2-9）。

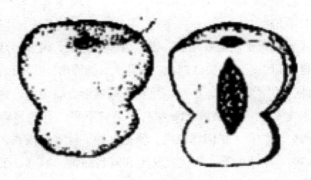

图 2-9 磨盘枣

3. 胎里红枣

产于河南镇平。树冠圆头形或扁圆头形，树姿开张，树势中等，干性强，主干红褐色，发育枝紫红色。叶片较小，长卵形，叶缘有锯齿，深绿色。但新萌发的枝、枣头、叶均为紫色，枣吊为褐红色，叶脉为紫色，花为黄绿色。受精后的花盘、子房均呈紫色。果中大，呈倒卵形，下部稍尖。幼果紫红色，随着果实的生长逐渐变成桃红色。成熟果实紫红色，背阴面桃红色，单果重9 g左右，最大单果重达15 g，一般纵径3.6 cm，横径2.5 cm。果皮中厚。肉厚，质脆，汁多，香甜无酸味。核中大，呈纺锤形，两端向同一方向稍弯，但纹路细而浅。植株丰产稳产，适应性强，抗病虫，耐干旱、盐碱。多为嫁接繁殖，胎里红枣从小到大一直呈红色，叶脉、子房、新梢等为紫色，枣吊为褐红色，因而具有特别的观赏价值，是美化庭院、培植盆景的珍贵品种（图 2-10）。

4. 羊角枣

主要分布于河南驻马店一带。树体中等大，树姿半开张，树冠自然圆头形。枣头红棕色，皮孔大，椭圆形，叶片长卵形，适应性强，结果稳定，丰产。果实长圆锥形，略歪斜，犹如羊角，果个头大。单果重 13 g 左右，果肩不平，有明显隆起。果皮薄，暗红色。果肉绿白色，质地细脆，汁多味极甜，可食率 97.7%。品质上乘，为优良制干和鲜食品种。城郊、工矿区可大面积栽培（图 2-11）。

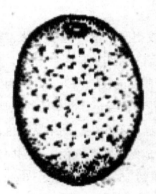

图 2-10 胎里红枣

图 2-11 羊角枣

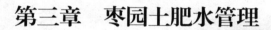

第三章　枣园土肥水管理

一、枣园土壤管理

合理的土壤管理，有利于维持良好的土壤养分和水分供应，促进土壤团粒结构形成，提高土壤的有机质含量，防止土壤水分流失，促进枣树根系发育，保证红枣的优质丰产。

（一）枣园翻耕

枣园翻耕在春秋两季均可进行，但以秋翻为好。秋季在果实采收前后到落叶这一时期，此期深翻，伤根后容易愈合，尤其是结合翻耕进行秋季施基肥，更有利于翌年枣树生长，拦蓄雪水、雨水，兼有消灭越冬害虫的作用。春季翻耕宜在土壤解冻后到萌芽前进行。

山旱地枣园一般采用扩穴翻耕，平地枣园进行全园翻耕。

1. 扩穴翻耕

扩穴翻耕是从定植穴向外逐年开环状沟施肥，一般宽度50 cm，深60~80 cm，直到全园翻透为止，但要注意与原来的栽植穴沟通，以利根系向外扩展。挖土时应注意把表土和底土分开，挖好后将表土与绿肥、厩肥等有机肥料混合填平壕沟。

2. 全园翻耕

全园翻耕适用于土层深厚、质地疏松、肥力基础较好的平地枣园或间作枣园。深翻深度一般 30 ~ 40 cm，树冠外宜深，树干周围宜浅。对于栽植较密，进入成果期的枣园，如根系已交错布满全园，可采用隔年隔行深翻法，避免过多地伤害根系，削弱树势，影响坐果。

（二）枣园中耕除草

中耕除草可以破除地表板结，减少水分蒸发，增加土壤通透性，促进肥料分解，尤其干旱季节，保墒效果尤为显著。枣园一般全年中耕 2 ~ 3 次，中耕深度 5 ~ 10 cm。

枣园除草也可采用化学除草剂，应用化学除草剂具有简便及时、节省劳力、除草彻底的特点。常用的化学除草剂主要有克无踪和草甘膦。在杂草出苗后至开花前均可喷施，以草高 15 ~ 20 cm 时喷药效果最好，两年以下的幼树及苗圃不宜使用，使用时切勿将药液溅到叶子和绿色部分。

（三）枣园覆盖

用植物秸秆或地膜覆盖枣园可以防止水土流失，减少土壤水分蒸发，防止地温剧变，抑制杂草生长，增加土壤有机质，提高土壤肥力等。

1. 秸秆覆盖

在枣园覆盖 10 ~ 20 cm 厚的作物秸秆，包括麦秸、玉米秸、稻草等。秸秆覆盖一年四季均可进行，也可实行夏覆春翻的办法，最好在大雨或灌溉之后进行，以利保墒。秸秆腐烂后，将其翻入地下，然后再覆秸秆。

2. 地膜覆盖

地膜覆盖可以保墒、提高地温，特别是在干旱缺水地区，地膜覆盖有很好的保墒效果。可采用树盘覆盖或行间覆盖，成龄树可用宽幅膜覆盖树冠投影的整个地面。生长季节使用黑色地膜覆盖，可以抑制杂草生长，增强土壤保水能力。

（四）枣园生草

枣园生草可提高土壤肥力，改良土壤结构，改善枣园生态环境，提高枣果品质，是建设生态枣园的重要措施。

干旱、半干旱地区枣园不宜种植根系发达、分布较深、耗水量较大的多年生牧草，可选择种植一年生或越年生豆科牧草或绿肥，如毛苕子、百脉根、草木樨等，最好种植大豆。为进一步提高枣园经济效益，在不影响枣树正常生长情况下，幼园可以种植地膜花生、中药材。

种草可以春、夏季进行，但以春播为好，选择降雨或灌溉后土壤时播种。越年生或多年生牧草秋季种植，最晚不宜晚于早霜前1个月，一般在枣树行间条播，距离枣树主干50～80 cm以上，牧草高度较高距离较远，定植带内清耕。幼苗期要勤除杂草、少量追施氮肥，成苗后，补充少量磷钾肥。枣园生草后隔5～8年、结合秋季施基肥翻压一次。

二、枣园施肥

（一）平衡施肥

土壤养分可分为 3 类：第一类是土壤中相对含量较少，植物需要量大，即氮、磷、钾，为大量元素；第二类是土壤中含量相对较多，植物需要却较少，主要有硅、硫、铁、钙、镁等，为中量元素；第三类是土壤中含量很少，植物需要也很少，包括硼、铜、锰、锌、钼等，为微量元素。当土壤营养供应不足时，就要靠施肥来补充，以达到供需平衡。

平衡施肥，即配方施肥，是依据枣树需肥规律、土壤供肥特性与肥料效应，在施用有机肥的基础上，合理确定氮、磷、钾和中、微量元素的适宜用量和比例，并采用科学方法施肥。

一般情况下，中低产枣园，施肥的增产增幅大，而高产枣园施肥的增产幅度较小。

（二）枣园常用肥料的种类及特性

枣园常用肥料包括有机肥料和无机肥两大类。

1. 有机肥料

有机肥料俗称农家肥，以动、植物残体或代谢物为主，主要包括堆肥、厩肥、人粪尿圈肥、绿肥和腐熟肥等，是枣园施用的主要肥料。有机肥料是迟效性肥料，肥效持久，营养全面，能在较长的时间内供给枣树营养。同时，有机肥中含有大量腐殖质，可改良土壤。有机肥料一般作基肥施用，施用前要进行腐熟沤制，以促使养分解，消灭肥内虫卵，也避免烧伤根系。

2. 无机肥料

无机肥料通常是指化学肥料，包括大量元素肥料，如氮肥、磷肥和钾肥，以及微量元素肥料，如铁肥、锌肥、锰肥、硼肥和一些稀土元素肥料等。无机肥料养分含量比较单纯，一般只含一种或几种营养成分，肥效短，作用快，肥效高，通常用作追肥，也可与有机肥混合使用。常用的氮肥有硝酸铵、碳酸氢铵、尿素；磷肥有过磷酸钙、磷矿粉、硝酸磷肥等。

（三）榆林市枣区土壤肥力特点及施肥标准

1. 陕北枣区土壤肥力特点

陕北黄河沿岸枣区土壤有机质含量 1.18 ~ 11.15 g/kg，全氮含量 62 ~ 771 mg/kg，碱解氮含量 8.28 ~ 71.39 g/kg，速效钾含量 350 ~ 850 mg/kg，速效磷含量 3.15 ~ 6.44 mg/kg。氮、磷、钾含量呈现由北向南递增的特点，越向南土壤氮、磷、钾含量越高，土壤肥力越好。陕北枣区土壤富钾、氮，磷严重不足，中量元素和微量元素中等，基本能满足枣树生长需要。

2. 陕北枣区枣树施肥量

根据枣树生长特点及陕北枣区土壤肥力特点，枣树每年施基肥 1 次，追肥 2 次，叶面喷肥 3 ~ 4 次，施肥标准如表 3-1 所示。

表 3-1　枣树施肥标准

种类	次数	时间	肥料种类	施肥量	备注
基肥	1	晚秋或早春	① 腐熟的农家肥（猪、羊、鸡、人粪尿）	每亩 2 ~ 3 立方米	有机肥优先，无有机肥可以按②③
			② 红枣专用复合肥	每亩 200 kg	
			③ 硝酸磷肥	每亩 50 ~ 150 kg	根据树体大小、土壤肥力状况施用
追肥	2	萌芽前	速效氮肥为主	成龄枣园每株施尿素 0.5 kg	—
		果实膨大期	以磷肥为主、施少量氮肥	每株施过磷酸钙 1 ~ 1.5 kg，氮肥 0.5 kg	
叶面喷肥	3 ~ 4	初花期	喷 0.3% 尿素 1 次	每间隔 7 ~ 10 天喷一次	—
		盛花期至幼果期	喷 0.3% 磷酸二钾 + 0.3% 尿素或 0.3% 磷酸二氢钾 2 ~ 3 次		

（四）施肥方法

1. 基肥

基肥是供给枣树生长发育的基本肥料，一般在春秋两季均可施入，但以秋季施入最好，秋季在枣果实采收后立即施入，最迟在落叶前完成，即 10 月中下旬至 11 月初。此时土壤温度较高，根系仍有一定的吸收能力，土壤湿度较大，肥料分解较快，有利于根系吸收，为翌春枣树抽枝、展叶、开花、结果打下基础。如果秋季没有来得及施基肥，也可在春季施入，但必须在枣树发芽前进行。基肥施入方法有环状沟施法、放射状沟施法、平行沟施肥法、穴状施肥法、全园或树盘内撒施法等。

（1）环状沟施法　又叫轮状沟施法，即在树冠外围挖宽、深各 40 ~ 50 cm 的环形沟，将肥料均匀施入沟内，然后用土填平略高于地面即可。此法主要用于幼树施肥。

（2）放射状沟施法　又叫辐射状沟施法，即以主干为中心，距离树干 50 cm 向外挖 4 ~ 8 条沟，长达树冠外围 1 m 左右，沟宽 30 cm、深 30 ~ 40 cm，近浅远深，将肥料施入沟内，然后填平，下年度施肥时再变换位置。此法尤其适用于稀植大树。

（3）穴状施肥法　在干旱的山坡地，在距离树干 1 m 外挖 4 ~ 6 个穴，穴长、宽各 30 cm，深 40 cm，将肥料施入穴内，然后填平。此法多用于施磷、钾肥。

也可采用穴贮肥水的方法施肥，在树冠投影下向内约 50 cm 处的不同位置垂直挖 2 ~ 5 个直径 30 ~ 40 cm，深度 50 cm 的洞穴；把玉米秆或麦秸扎成长度 40 cm，粗度 2 ~ 3 cm 的致密的长柱体，放入水中浸泡，待泡透后，将其竖放于洞穴中央，再将混合好的土杂肥、过磷酸钙 150 g 和尿素 100 g 填埋、踩实，草把上端少量填土，稍低于地面，并将洞穴周围整平。每穴浇水 4 ~ 5 kg，注意不要浇水过多，以免化肥流失；在穴周围可以喷洒除草剂或适度中耕；每穴上覆盖 1 ~ 1.5 m² 的塑料膜，边缘用土压严，中间正对草把上端扎一小孔，以便浇水或雨水流入。追肥时把化肥放在草把顶部塑料膜小孔内，以便浇水或雨水流入。追肥时把化肥放在草把顶部塑料膜小孔入，浇水 4~5 kg，让其水溶液缓慢渗入，如遇到干旱天气，可以定期给穴内浇水，雨季只要不过分干旱可不浇水。塑料膜下长草时，可在膜上压土除草。贮肥穴一般可维持 2~3 年，重新挖贮肥穴时应改变位置，这相当于深翻扩穴。

（4）全园或树盘内撒施法　即把肥料在全园或树盘内撒布均匀，然后耕翻土壤，深度达 20~30 cm，把肥料翻入土中。此法主要用于已经进入盛果期的枣园。

施基肥时位置应随着树龄和树冠生长情况逐年变换外移。

2. 追肥

追肥一般在萌芽前和果实膨大期施入。追肥的施入方法与基肥相同。

第一次追肥以萌芽前 10~15 天为宜。枣发芽后，抽枝长叶、花芽分化同时进行，仅一个月时间，即形成全树 80%~90% 的枝、叶和花蕾。这一时期追肥的目的在于促进发芽整齐、苗壮、枝叶生长健壮和花芽分化。此期追肥应以速效氮肥为主。

第二次追肥在果实膨大期施入，以增强树势，促进果实膨大，减少落果，提高产量。这次追肥以磷肥为主、施少量氮肥。

3. 叶面追肥

叶面追肥也叫叶面喷肥，常用的叶面喷肥有尿素、磷酸二氢钾、草木灰浸出液和沼液；生长前期以速效氮肥为主，后期以磷、钾肥和微量元素为主，氮肥为辅。

叶面追肥应避开炎热的中午，选晴朗无风的早晨和傍晚进行；注意将肥料喷在叶片的背面，以利气孔大量吸收。

三、枣园水分管理

枣树虽然比较抗旱，但过于干旱就会造成萌芽不整齐，枣头、枣吊生长量减少，容易引起大量落花、落果，导致果实变小、品质变劣。因此，为了提高坐果率，增加产量和品质，做好枣园蓄水工程和适时灌溉是十分必要的，特别是鲜食品种，需水量相对较大。

（一）枣树需水的关键时期

灌水时期要根据开掘情况及树体生长情况来决定，枣树需水和灌水的关键时期如下：

1. 催芽水

萌芽前枣树的根系已开始活动，地上部即将萌芽，此期结合施肥进行灌水，促进枣树各器官的发育。

2. 花前水

应该在花前进行，此时气温高、蒸发量大，结合施肥适时灌水可使花器正常开放，避免造成焦花、落花，提高坐果率。若雨水过多、湿度太大，不宜进行灌水，以免造成落花、落果。

3. 坐果水

坐果不久，幼果对水分十分敏感，而此时的气温往往偏高，是枣树又一个需水关键时期。此时若缺水，落果严重。所以，坐果水也叫保果水。

4. 变色水

果实膨大期结合施肥灌水，可加速果实膨大，提高果实品质，如果缺水，会直接影响果实的大小和产量。

5. 封冻水

即在封冻前灌水，不但可以促进根系吸收养分，提高树体养分积累，还可以提高枣树的越冬抗寒能力。

（二）陕北枣区降雨情况及红枣需水特点

陕北枣区年降雨量 400 ~ 560 mm，70% 降雨集中在 7 ~ 10 月份，春季干旱，秋季雨量充足。木枣是陕北枣区的主栽品种，该品种抗旱性较强，需水量较其他鲜食或兼用品种少，若采用水平沟、鱼鳞坑、反坡梯田等工程蓄水措施，集雨节水，基本能满足枣树生长需要。

影响陕北枣区红枣优质丰产的主要因子是花期和脆熟期的降雨量，枣树花期适宜的降雨量为 35 ~ 40 mm，花期适宜的空气湿度为 40% ~ 80%。若花期干旱，空气干燥，很容易造成焦花、落花严重，影响坐果（图 3-1）。因此，遇到干旱年份，有灌溉条件的枣园花期应浇水，没有灌溉条件的枣园，应进行枣园喷水。但花期阴雨过多，病虫害发生严重，造成授粉不良，也影响坐果。脆熟期降雨量超过 45 mm，即连续阴雨 3 天以上，会造成裂果烂果。

图 3-1　花期干旱产生焦花

（三）山地枣园灌水方法

枣树灌水方法应该根据当地水源及投资状况确定，一般分为：

1. 沟灌

在枣树的行间开灌沟，沟深 20 ~ 25 cm，灌沟与输水道之间有微小比降，将水引入沟内灌溉，灌水后用土填埋灌溉沟或及时松土保墒。

2. 瓦罐渗灌、穴灌

瓦罐渗灌是将陶土瓦罐埋设在树冠半径的 2/3 处，把水及可溶于水的肥料一并装进瓦罐内，用秸秆包扎成小捆，封住瓦罐口，将瓦罐用土埋 40 cm 深，每棵树下埋 2 个瓦罐。瓦罐应低于地面，便于蓄雨水，也可人工向罐内注水，水从罐四周微孔渗出，借助土壤毛细管的作用渗入到枣树的根区。穴灌见穴状施肥法。

3. 滴灌

滴灌是将具有一定压力的水，过滤后经管网和出水管道（滴灌带）或滴头以水滴的形式缓慢而均匀地滴入植物根部附近土壤的一种灌水方法。此法较漫灌可节约用水 90% 以上。

4. 喷灌

喷灌是用专门的管理系统和设备，将有压水送至灌溉地段并喷射到空中，形成细小水滴洒到田间的一种灌溉方法。喷灌可省水省工，不受地形影响，尤其在花期遇干旱时，可改善枣园小气候，增加空气湿度，满足枣树授粉需要，提高坐果率。

（四）山地枣园抗旱栽培

山地枣园建园时，一般在建园前做好蓄水工程，采用水平沟、水平梯田等方法整地。进入结果期后，利用蓄水工程，集雨节水、提高水分利用率，实现红枣的优质丰产。枣园抗旱栽培主要有以下几种模式：

1. 水平阶整地

沿等高线将坡面修成狭窄的台阶状台面，台面水平或稍向内倾斜，有较小的反坡，台面宽一般 1.0 ~ 1.5 m，台面外侧修一个小土埂，施工时先从坡下开始，先修第一个台阶，然后将第二个台阶的表土下填，以此类推，最后一个台阶就近取表土填于阶面（图 3-2）。

图 3-2　水平阶枣园

2. 反坡梯田整地

梯田面向内倾斜成较大的反坡，因山地坡度不同，反坡坡度 3° ~ 8°；田面宽 3 ~ 6 m。梯田壁应稍倾斜，垒石壁呈 75° 坡度。土壁 50° ~ 60° 的坡度，土壁要平滑内倾，高于地面，壁的外缘筑成地埂。地埂宽 40 cm，高 20 cm 左右（图 3-3）。

图 3-3　反坡梯田栽植

田面修整好以后，由其内侧挖一小沟，通向总排水沟，沟宽30~40cm，深30cm左右，每隔10~20cm，堆一个小土堰，使雨水少时能蓄水，雨水多时能翻过小土堰排出田外。

3. 水平沟整地

在坡面上按等高线挖成壕沟。挖出的土在沟的外侧堆成土埂，称作壕，然后再在壕内栽植枣树。水平沟整地动土量大，用工多，降雨量多的地方易引起水土流失，干旱的山地特别适宜。

有条件的陕北山地枣园，建议采用水平沟栽培模式。经多年试验，该栽培模式简单易行，集雨节水效果明显，可保证红枣的优质丰产（图3-4）。

图3-4　水平沟整地枣园

4. 鱼鳞坑整地

鱼鳞坑是一种整地方法，一般沿等高线自上而下挖半月型坑，呈品字形排列，如鱼鳞状，故称鱼鳞坑。鱼鳞坑具有一定蓄水能力，可保水保肥，实现增产增效的目的（图3-5）。

图3-5 鱼鳞坑整地与栽植

第四章　枣树的育苗和品种更新

枣树苗木的繁育方法主要有分株法、嫁接法、组织培养法、扦插法4种形式。在我国枣产区，传统的育苗方法多采用分株法，但随着近年来枣果产业的快速发展及优良品种的推广应用，枣树育苗逐渐向规模化、集体化方向发展，采用嫁接法、组织培养法、扦插法等方式快速繁育优良壮苗，以满足新形势下生产发展的需要，确保达到早产、优产、高效的目的。

一、枣树分株育苗

分株育苗是利用枣树的水平根系容易形成不定芽，而萌发成新株的特性，生产上采用开沟断根来刺激根系产生不定芽，形成根蘖（niè）苗，并将根蘖苗与母株分离进行归圃培育的育苗法。分株法育苗是母株营养体发育形成的，基本能保持母体的遗传性状不变，这种育苗方法具有简单易行，成本低，苗木根系发达，栽植成活率高的特点，适用于大冠稀植园采用。

（一）开沟断根

在春季枣树萌芽前，距树干3 m左右沿枣树栽植行向挖深40～50 cm，宽30～40 cm的育苗沟，切断直径2 cm以下细根，切面平整。然后用松散的湿土填满育苗沟覆盖新根，利用伤口愈合，产生根蘖苗。这样被切断的根系受刺激后，于 5～6 月份，沟面产生丛状根蘖苗，待苗长至 20～30 cm 时，要及时进行间苗，去弱留强，促进苗木加速生长，每丛根留 1 株或 2 株，其余剪掉，结合浇水，追施适量的复合肥料，促进苗木加速生长，待翌年春季，将根蘖苗刨出集中移栽到苗圃中，继续培育成优良壮苗。

（二）归圃育苗

归圃育苗栽植时期分春秋两季，以春季栽植根蘖苗成活率高。时间以 3 月下旬至 4 月上旬栽植最佳。栽前将苗木刨出分类，50 株或 100 株捆成一捆，剪留 30～40 cm 高，并用深度为 30 mg/ kg 的生根粉 1 号将苗木根部进行均匀浸蘸，而后栽植，每克生根粉可处理苗木 5000 株左右。

栽前选择土层深厚、地势平坦、肥沃的沙壤土地作为苗圃地，施足基肥，整平做畦。栽时沿行向挖深 20 cm、宽 30 cm 的栽植沟，按株行距 20 cm × 50 cm 进行栽植，每亩栽 6000～7000 株苗木。栽时将丛生的根蘖苗掰开，并带有 4 根以上的毛根，按株距将苗木在沟内摆好扶正，埋土踏实。栽后立即灌一次透水，并及时中耕松土保墒，在生长季节要加强田间病虫防治和肥水管理，萌芽后应及时防治枣瘿蚊的危害，结合灌水追施尿素每亩 20 kg，一般追施尿素 2～3 次为好，当苗高达 1.2 m 以上时，及时摘心控制其生长，以培育壮苗。秋季落叶后苗木即可出圃。

二、枣树嫁接育苗

嫁接法育苗的优点是能在短期内培育出优良品种，便利于用野生资源，能保持母株原有的优良性状，适应性强，早结果，同时能节约土地和人力，因而，近年来在枣的生产中多选择嫁接苗栽植建园。

（一）苗圃地的选择

育苗地应选择地势平坦、土层深厚，有灌溉条件的沙土或沙壤土田块为佳。并要精耕细作，施足基肥，每亩施充分腐熟的农家肥 4000 ~ 5000 kg，过磷酸钙 50 kg，深翻 25 ~ 30 cm，翻后及时整地，达到土块细碎，地面平整。播前 10 天左右要灌一次透水，待地表不黏时，浅耕耙平保墒，做成宽 100 cm 畦面，以待播种。

（二）砧木的培育

1. 砧木种类

枣树嫁接常用的砧木有本砧、酸枣和铜钱枣树 3 种。本砧是指枣树的根蘖苗、用大枣原种培育的实生苗；酸枣砧用野生酸枣苗，也可用酸枣种子培育的实生苗；铜钱枣树多分布于我国长江以南地区，用种子繁殖生长快，根系发达，喜湿，不耐干旱，嫁接成活率高，而且生长健壮，结果早，产量高，但仅适用于长江以南地区作砧木应用。

我国酸枣资源丰富，利用酸枣作砧木成本低，嫁接成活率高，并且嫁接适应性、抗逆性强，结果早，优质丰产，能保持嫁接新品种的优良性状。因而，在生产中繁殖枣树嫁接苗时多采用播种酸枣种子方法培育砧木。

2. 酸枣种子的采集

一般9月下旬，酸枣果实相继成熟时，选择果实较大、表面光洁、无病虫危害及充分成熟的果子，用木棒捣碎果肉，堆放于屋角或荫棚下，以不高于50 cm平堆最好，并加入少量水分，使果肉发酵腐烂。期间温度不能高于40 ℃，每隔2~3天上下翻动一次，避免因发酵产生高温烧伤胚芽，影响种子萌芽率。待果肉完全腐烂后，用手搓洗，取出种子，晾干后作为备用。

3. 沙藏及催芽

初冬平均气温下降至5 ℃左右时，即可进行种子沙藏。沙藏时采用一份种子，三份河沙，充分搅拌均匀后进行层积处理，厚度为60~80 cm。河沙湿度以手捏成团，平胸落地即散为宜。上可覆盖一层草帘，防止表面失水板结，影响通透性。沙藏期间，每隔15~20天，上下内外搅动一次，维护温、湿度均衡，一般沙藏层积80~90天即可。

春天，将沙藏的种子取出，筛去泥沙，淘洗干净，进行浸种催芽。催芽前，先用2%~3%温碱水（30 ℃~40 ℃）搓洗3~5小时，除去种子表面的蜡质层，利于种子吸水萌芽，然后用清水冲洗干净后置于容器内，用25 ℃~30 ℃温水进行浸种催芽5~10天，每天换水2~3次。将浸后的种子平堆于室内，厚30~50 cm，保持一定的温湿度，待50%~60%种核裂口，露出胚根，即可播种。

若用酸枣仁播种育苗，种仁在播种前应进行催芽处理。方法是先将种仁用 60 ℃温水浸泡 6 ~ 8 小时，捞出后与湿沙按 1∶5 的比例掺匀，然后与带核种子处理方法相同，放入坑中覆膜保温催芽，待 30% 以上的种仁露白时即可进行播种。

4. 播种及管理

酸枣播种时期分为秋播、春播。秋播一般在 10 ~ 11 月份进行，春播在 3 月下旬至 4 月上旬进行。秋播时，种子不进行沙藏催芽，只用温碱水处理后，直接进行条播或点播。而春播时，是将已经沙藏催芽后的种子，进行播种。条播，即在已经整好的苗圃地上，开宽深(10 ~ 15)cm ×(2 ~ 3)cm 的沟，行距宽行按 60 ~ 70 cm、窄行按 30 cm 的宽窄播种，这样便于嫁接，并将种子溜入沟内，该方法株距不均，浪费种子。点播即按株距 15 ~ 20 cm，挖穴点种，每穴 2 ~ 3 粒，此种方法出苗均匀，省种但费工。为提高种子萌芽率，确保全苗，播种结束后可用地膜或草帘覆盖苗床，保墒增温，覆膜时，薄膜跟苗床 5 ~ 6 cm 最佳，避免初出苗时日灼，待长出 2 ~ 3 片真叶时，放苗、压土。

生长季节应加强田间水肥管理，以促进苗木健壮生长。全年可追肥 2 ~ 3 次，当苗高达 15 cm 左右时，每亩追施尿素 5 ~ 10 kg；当苗高达 30 cm 时，亩施磷酸二胺 10 ~ 20 kg；当苗高 40 cm 左右时，清除主茎基部 10 cm 以内的分枝，清干时，要认真仔细剪平，不留短桩，以保证嫁接部位平滑，确保嫁接成活率；当苗高 50 ~ 60 cm 时对主茎及时进行摘心，以促进苗木生长，达到嫁接苗要求的粗度。

（三）影响嫁接成活的因素

1. 砧木和接穗的亲和力

亲和力是指砧木和接穗嫁接后在内部组织结构、生理和遗传特性方面差异程度的大小。差异越大，亲和力越弱，成活率越小；反之，则越高。

2. 砧木和接穗的质量

砧木接穗贮有较多的养分，一般比较容易成活。在生长期间，两者木质化程度愈高，生长健壮，嫁接易成活。因此，嫁接时宜选用生长充实的一年生枝条作为接穗，并选用芽体比较饱满的芽或枝段进行嫁接。同时，接穗蜡封、沙藏处理的好坏，也直接影响嫁接成活率。

3. 嫁接技术

无论采用什么方法嫁接，在切削、包孔速度快的基础上，还应做到：一是刀削面要平直；二是形成层要对准；三是绑扎要严紧。

（四）枣树的嫁接

1. 嫁接时期

枣树的嫁接时间较长，一般从3月至9月均可嫁接，但苗圃多在春季枣树发芽前半月至发芽后1个月嫁接，此时嫁接成活率较高，生长期长，主茎当年生长量可达1 m以上，当年即可培养出优质壮苗。

2. 接穗的选择及处理

接穗必须选用优良品种的生长健壮、无病虫危害的结果树。枝接的接穗可选用一年生发育枝或二次枝，节间较短、生长健壮、芽体饱满及木质化程度较高的粗度在 0.5 cm 以上的枝条作为接穗。芽接多用一年生枣头一次枝上的主芽作接穗。

冬剪的接穗为便于贮藏减少水分蒸发，保证接穗的生命力，可采用蜡封处理。首先，将接穗截成 4 ~ 5 cm 长，取掉木质刺，芽体上方留 0.5 ~ 1.0 cm，剪口要平滑。其次，将 70 号矿蜡在容器中熔化，温度加到 100 ℃ ~ 130 ℃（一般矿蜡开始冒青烟即可）。最后，将剪截好的接穗，用手拿住接穗的一头蘸蜡后立即取出，然后再蘸另一头。要求蘸蜡速度要快（不超过 1 s），同时蜡要均匀分布整个接穗，不留缺口。

处理后的接穗，如不及时使用，可放置在低温、湿润的地窖内，因为枣树枝条木质坚硬，含水量较少，蜡封接穗在贮藏过程中，如温度过高，也会降低接穗的生活率。

嫁接前一周砧木苗圃地要施肥浇水一次，同时将砧基部的二次枝及多余的根蘖去掉。这样有利于促进形成层活动，提高嫁接成活率。

3. 嫁接方法

枣树的嫁接方法分枝接、芽接两大类。生产上常用的方法主要有劈接、皮下枝接、芽接、腹接等。

（1）劈接　将砧木从中间劈开 2 ~ 3 cm，把接穗削成 2 ~ 3 cm 长双面马耳形，内薄外厚，呈 "V" 字形，然后外侧对准韧皮部将接穗插入砧木中，上露白 0.5 cm，绑扎严紧即可。

劈接的特点是嫁接时期长，从砧木萌芽前半月到砧木发芽后1月，成活率高，接后幼苗生长快（图4-1）。

图4-1　枣树劈接

（2）皮下枝接　将砧木距地面5～8cm处短截，选择一光滑面，用快刀从上而下纵切2～3cm，深达木质部，然后用刀类轻挑中上部，使韧皮部与木质部脱离。再将接穗下端削成2～3cm长单面马耳形斜面，两侧削一小斜面，然后沿韧皮部与木质部之间插入砧木，使形成层对齐，上露白0.5cm，用1.5～2.0cm宽塑料薄膜绑扎严紧即可。皮下枝接嫁接时间长，从4月上旬至9月上旬均可进行（图4-2）。

1.接穗　　2.切　　　3.接合状　　4.绑扎

图4-2　酸枣树皮下枝接

（3）芽接　枣树的芽接方法不同于一般果树。枣树一年生枝的皮很薄，而且侧芽都在枝部的弯曲部位，要削取完好平整的芽片，必须附带较厚的木质组织。削芽时，先在芽上方 1～2 mm 处横切一刀，深达 2～3 mm，再从芽下 1.5 cm处向上斜切到横切口、取下带木质部的芽片。在砧木光滑处切"T"字形接口，接芽上端与砧木横切口密接，用塑料条绑紧，仅露出主芽，1 周后可解绑检查成活率。此法操作简单，嫁接成活率高，但接穗需随采随用，不能远距离运输。枣树芽接的时间也比较长，一般从 4 月上旬到 9 月上旬均可，砧木和接穗离皮时都可进行（图 4-3）。

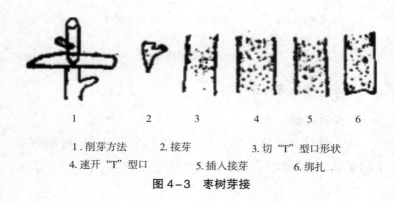

1　　　　2　　　3　　　　4　　　　5　　　6

1. 削芽方法　　2. 接芽　　　　3. 切"T"型口形状
4. 速开"T"型口　5. 插入接芽　　6. 绑扎

图 4-3　枣树芽接

（4）腹接　将接穗底部削长 3 cm 的削面，再在其对面削 1.5 cm 左右的短削面，长边厚而短边稍薄。砧木可不必剪断，先平滑处向下斜切一刀，切口与砧木垂直轴约成 15°角。切口不可超过砧心，长度与接穗切削面相当，将接穗的长面向内，短削面向外插入切口，使接穗和砧木的形成层对齐，然后用塑料条绑紧包严，此法操作简便，成活率高（图4-4）。

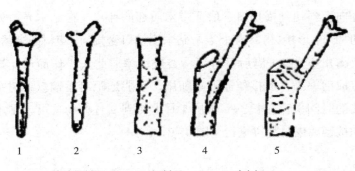

1. 接穗长削面　　2. 短削面　　3. 砧木切口
4. 插入接穗　　　5. 绑扎

图4-4　枣树腹接

（五）嫁接苗的管理

1. 及时除萌

为促使接芽正常萌发生长，在生长季节应及时剪除砧木上的萌蘖，节约养分，确保接穗健壮生长。

2. 剪砧

对于芽接的砧苗，接后随即在接口以上1 cm处剪砧；秋季芽接的砧苗待翌年春季发芽前剪砧。

3. 放芽和解绑

接芽长至1 cm时，要仔细挑开包扎的塑料膜，放出新芽。芽接苗一般在接后30天左右，接口完全愈合后及时解除绑搏。

枝接苗一般在接后 2 个月左右解除绑缚。

4. 立杆扶苗

当接芽长到 30 cm 左右时应及时立杆扶绑，以防风折。

5. 合理施肥

在饱施的基础上，于根砧萌芽前（3 月底 4 月初）、生长盛期（5 月中旬至 6 月上旬）、枝芽充实期（7 月中旬）追肥 2 ~ 3 次，每次亩施速效肥 10 ~ 15 kg，采取条状沟施，深宽各 10 ~ 15 cm，施后覆土，及时灌一次透水。前期追肥以氮肥为主，后期以磷、钾复合肥最佳，同时加强叶面喷肥；提高优质商品苗出圃率。

6. 适时摘心

当苗木生长到 70 ~ 80 cm 高时，及时摘心，控高增粗，提高木质化程度，并能有效增加苗期挂果量。

7. 病虫防治

定期观察检查，适时防治，预防苗期各类病虫害的发生，确保苗木健壮生长。

（六）苗木的出圃与分级标准

1. 起苗

起苗时间秋季和春季均可，一般秋季起苗有利于根系伤口愈合，春季起苗可减少假植工序且成活率较高。秋季在落叶后进行，春季在萌芽前进行。为了保证苗木足够的水分和便于起苗，出圃前 3 ~ 5 天应烧一次透水。起苗时要注意尽量少伤根系，不要操作枣苗枝皮。并剪去苗木部分二次枝，以便包装运输。

2. 苗木分级标准

分级根据苗木不同生长情况而定。基本要求是：枝条健壮充实，芽体饱满，根系健全，须根多，断根少，无病虫危害和检疫对象的优质壮苗。枣树嫁接苗分级如下：一级苗，苗高 1 m 以上，地茎粗度 1 cm 以上，根系发达，具直径 2 mm 以上，长 20 cm 以上侧根 6 条以上，嫁接口愈合良好。二级苗，苗高 0.8 ~ 1.0 m 以上，地径粗度 0.8 ~ 1.0 cm 以上，具直径 2 mm 以上，长 15 cm 的侧根 6 条以上，嫁接口愈合良好。三级苗，苗高 0.6 ~ 0.8 m，地径粗度 0.6 ~ 0.8 cm 以上，长 15 cm 的侧根 6 条以上，嫁接口愈合良好。

（七）苗木的运输与假植

起好的苗木如不能及时栽植，需进行假植，假植时要标明，以免造成混乱。

假植地应选避风、平坦、排水良好的地段。假植沟深 40 ~ 50 cm，宽 60 ~ 80 cm，长度依苗木数量而定。假植前沟内先灌水，将苗木根向下斜放沟内，根部用土埋住。埋土达苗高 2/3 处。然后再灌足水，春季要定期检查，防止栽前发霉或发芽。

苗木在远距离运输前应妥善包装，以免中途失水。将修整好的枣苗，按不同品种每 50 株或 100 株捆成一捆，根部蘸泥浆，用湿草袋包裹。如运输距离太远，可将苗剪去 1/2 ~ 2/3，捆好，蘸泥浆，装湿草袋，外用塑料袋包扎，塑料袋再用麻袋包装。在苗木调动过程中，要注意温度变化，气温高时，应打开塑料袋通风透气，以免苗木发霉；气温低时，则应注意保温，避免苗木受冻。苗木到达目的地后，要立即打包。尽快定植，否则要进行假植。

三、枣树品种更新

（一）高接换头

1. 高接换头的类型

枣树的高接头包括枣品种的高接换种和酸枣高接大枣 2 个类型。对枣树的老产区，根据生产发展的需要更新品种时，常采用高接换头的措施来达到早结果、早收益的效果。其优点包括：一是可充分利用原枣的骨架进行多点同时高接，接头可达 15 ~ 30 个，高接后一般第二、第三年就能恢复形成新树冠。二是枣砧木营养丰富，生长势强，高接后接穗萌芽早，长势旺。三是高接后结果早，稳产丰产，经济效益高。

2. 高接时期

在我国华北、华西、中原枣区，从枣树树液流动开始到 9 月上旬，都可进行高接。考虑到当年枝条的生长量和成熟度，最适宜的嫁接时间为 4 月中旬到 5 月底。

3. 高接的方法

成龄结果树的高接换头可根据嫁接时期的早晚和枣皮剥离的难易程度，采用不同的嫁接方法。砧木尚未离皮时，采用劈接法、腹接法和带木质芽接法，春季和夏秋季多用；当砧木离皮后，采用皮下枝接法。若成龄结果树的内膛比较空虚，侧枝和结果枝组较少，也可采用腹接的办法，进一步培养新的结果枝组。据试验，枣树皮下接的嫁接成活率最高，且操作容易，利于大面积推广。

对于枣树的高接换头，提倡一次性换完较好，这样可以使新枝均衡生长。嫁接时一次将嫁接的枝位锯好，以避免在操作时碰掉已接好的枝条。若树冠下有根蘖苗暂不刨除，这对维护整个树体的生命力，能起到一定的缓冲作用。

根据嫁接接口的大小来确定接穗数量，一般树冠越大，接穗越粗，为尽快恢复树冠，接穗可多接些。5~8年生枣树每树接15~20个；20年以上的大树，每树可接40个左右。这样高接后当年各接穗均可长成50~100 cm的发育枝，树冠基本可以恢复。在生长季节应加强肥水管理和病虫害防治，以促进枝条的健壮生长。

4. 高接后的管理

（1）检查成活率

嫁接半个月后检查成活情况，发现未成活时应及时补接。

（2）嫁接枝管理

对于6月份以前嫁接成活的枝条，当嫁接枝长到30 cm以上时，结合松解塑料条，把新梢不定期固定在支柱上，以防风折；当新梢长到60~70 cm时，进行摘心促进分枝或短截定干，定干高度50~60 cm，以培养小冠疏层形或纺锤形树冠。

（3）土肥水管理

清理树冠下的杂草和未嫁接的萌蘖苗或酸枣苗；及时浇

水保持土壤湿度，每隔 10 ~ 15 天叶面喷施 0.3%+0.1% 磷酸二氢钾一次，连喷 2 ~ 3 次；干旱季节结合保花保果措施在开花期喷水和喷激素。

（4）花果管理

枣树春季高接换头后，当年就能开花结果，为了进行品种鉴定，可以结少量的果实。但枣树自然坐果率低，加之高接换头后枝量少、营养供应不十分畅通，要在花期进行喷水、喷生长激素和微量元素等进行保果，并适时进行枣头、二次枝和枣吊的摘心，还要采取必要的促进果实膨大、提高糖度和增进颗粒着色的措施。

（二）夏枝嫁接

夏枝嫁接不需要对接穗进行蜡封处理，能延长嫁接时间，还可有效解决新品种的繁殖材料少的问题，并能提高嫁接成活率和工作效率，具有当年嫁接当年成苗，繁殖快的特点。夏枝嫁接的最佳时期为 6 月中旬至 8 月中旬。具体方法如下：

1. 采集接穗

选健壮的当年生或 1 ~ 2 年生枣头的一次枝，剪下枝条后立即去掉所有的二次枝，放入盛有清水的塑料桶中等用。

2. 嫁接

嫁接前将砧木在基部距地面 5 ~ 10 cm 处剪截。将接穗剪成 5 ~ 8 cm 长一段，使上剪口距芽眼不得小于 5 mm。然后在背芽面削去粗度为 1/2，长约 2 ~ 3 cm。用同样的方法在对应面削去穗条下端，使接穗呈两侧长短不一的楔形。采取皮下枝接法,把接穗插入砧木的皮层与形成层之间,使顶部露白。然后,用塑料条将砧木和接穗充分绑紧,其顶端为单层,紧靠芽眼;下部多层,封过接穗和砧木的上部,最后再用塑料条把砧穗结合部位进一步扎紧、扎严。

　　嫁接后 10 天左右,接穗开始陆续萌芽,并且大部分可以破膜而出。对那些生长较弱的个别植株,须用针在萌芽处划破薄膜,使接穗萌芽正常生长。接后应及时除掉芽体下的萌芽,一般进行 2~3 次,待苗木长到 30 cm 高时,须立杆绑苗,以防风折。此嫁接方法繁殖的苗木当年可生长到 50~100 cm,并能安全越冬,比芽接可以提早一年出圃。其嫁接效果优于其他芽接方法,嫁接成活率高达 95% 以上。

第五章　枣树整形修剪

枣树树体管理的目的是形成合理的树体结构，协调树体营养生长和生殖生长的关系，平衡树势，改善通风透光条件，减少病虫危害，提高果实品质，达到优质丰产的目的。

一、枣树整形修剪依据的原则

枣树的枝芽种类、花芽分化及开花结果的特性与其他果树不同，这些独特的内在机制成为整形修剪的依据和原则，其主要特性包括：

（一）枣头单轴延伸能力强

枣头俗称骨条，是枣树当年发育枝，由主芽萌发而成（包括各级枝的顶芽、潜伏芽和枣股的顶芽），枣头生长力强，加粗生长快，树体每年依靠枣头延长生产来扩大树冠，更新衰老枝条，维持权势，枣头是形成树体骨架的主要枝条。枣树自然分枝的能力比较差，而枣头单轴延伸能力很强，如果让其自然生长，会导致树体过高，骨干枝太小。在幼树整形修剪时要注意控制树体高度，促发侧生枝，迅速增加枝叶量，以便获得早期产量。

（二）成花容易

枣树花芽是当年分化、当年开花结果，而且分化期短，分化速度快。枣树每年都能形成大量花芽，所以整形修剪时不必考虑促进成花，也不必考虑如何留花留果，更不必要辨认花芽和结果枝，只注意留足结果母枝枣股即可。

（三）生长物候期重叠

枣树的枝条生长、花芽分化、开花结果、幼果发育等物候期在 6 月前后严重重叠在一起，营养需求量大大增加，处理不好会造成大量的落花落果，生产中除了施肥调节，还需通过夏季修剪的手段来协调各器官均衡生长的矛盾。

（四）营养枝异向结果枝转化

枣头一次枝副芽长成永久性二次枝，是形成结果母枝的基础。枣股上副芽萌发结果枝，每个枣股一般有 2 ~ 8 个枣吊。枣头基部和当年生二次枝每一节也能抽出一枝。这样的生长特点，使得枣树结果基枝容易形成，结果枝组容易培养，寿命也较长，一般可达 8 ~ 10 年，枝组更新没有必要连年进行。

（五）隐芽寿命长

枣树的主芽可以潜伏多年不萌发，称为隐芽或休眠芽。隐芽寿命长，经过刺激容易萌发，这样有利于树体更新复壮。

（六）主芽有"一剪子堵，两剪子放"的习性

枣树对修剪反应不敏感，枣头短截后一般不发枝，必须将剪口下第2个二次枝剪掉，主芽才能萌生枣头，即所谓枣树"一剪子堵，两剪子放"修剪原理，多采取"缩和堵"修剪方法。在不需要延伸枣头的地方，一般不采用"两剪子放"的方法，以防春季枣树萌芽后枣头过多，与枣花竞争养分。

二、枣树的修剪技术

枣树的修剪分为冬季修剪和夏季修剪2个时期，每时期采取的修剪方法不同，其修剪反应也不同。一般幼树期以夏季修剪为主，冬季修剪为辅；盛果期以冬季修剪为主，夏季修剪为辅，以达到促进幼树早结果，并保持盛果期树连年丰产稳产，延长结果寿命。在生产上，二者必须协调配合，缺一不可。

（一）冬季修剪

冬季修剪指休眠期修剪，一般在落叶后至萌芽前均可进行。但冬季干旱多风地区，冬季修剪宜在春节2～3月份至萌芽前进行较为适宜，以免造成剪口抽干而影响萌芽。

（1）疏枝　对交叉枝、竞争枝、病虫枝等枝条从基部剪掉。其作用是减少枝量，改善光照条件，集中树体营养（图5-1）。

梳除部位

图 5-1 疏枝

（2）短截 将一年生枣头一次枝或二次枝剪掉一部分。短截的作用是使留下的二次枝粗壮,提高其上枣股的结果能力,如对枣头进行短截,可刺激萌芽新生枣头,增加枣头生长量,且可使所保留的二次枝长度增加,枣股坐果量明显提高。在生产中要根据树势空间和不同的修剪目的,而采取不同程度的短截措施。在生产中,根据短截程度不同分为轻、中、重3种。将一年生枣头一次枝或二次枝剪掉小部分,称轻短截;剪掉一半,称中短截;剪掉一半多,称重短截（图5-2）。

图 5-2 酸枣短截

（3）回缩　剪掉多年生枝的一部分称回缩。回缩的作用是集中养分，以利用更新复壮。一般在斜向上分枝处回缩，可抬高枝头角度（图5-3）。

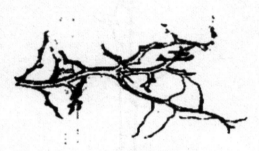

图5-3　枣树回缩

（4）缓放　对枣头一次枝不进行修剪缓放。一般对骨干枝的延长枝进行缓放，可使枣头顶端主芽继续萌发生长，以扩大树冠（图5-4）。

图5-4　枣枝缓放

（5）刻伤 为了使主芽萌发，在芽上部约 1 cm 处横刻一刀，深达木质部（图 5-5）。

图 5-5 酸枣刻伤

（6）拉枝、撑枝 结合冬季修剪，用木棍、铁丝等撑、拉枝条，使枝条角度开张，控制枝条长势，改善树体内膛光照（图 5-6）。

图 5-6 枣树拉枝

（7）分枝处换头　对生方位角度不合适的主枝或大枝组，在合适的分枝截除，由分枝作延长头，以调整枝量和空间分布，同时可以开张角度，扩大树冠（图5-7）。

图5-7　枣树分枝处换头

（8）落头　对中心干在适当的高度截去顶端一定的长度，以控制树高，加强主侧枝生长，同时打开光路，使树冠内部光照加强，提高枣果品质（图5-8）。

图5-8　枣树落头

（二）夏季修剪

枣树的夏季修剪多在 5～7 月份进行，夏季修剪的目的在于抑制枣头生长过多、过长，减少无效的养分消耗，调节营养流向，改善光照条件，提高坐果率，增加产量，增强树势。

（1）疏枝　对于当年新萌发的、无利用价值的发育枝和结果枝组基部萌发的徒长枝，以及树冠内的密挤枝，在木质化以前应及时疏除。

（2）摘心　枣头萌发后，生长迅速，可在 5 月下旬至 6 月上旬对留作结果枝组培养的枣头，出现 4～7 个二次枝以及二次枝有 8 个左右的节位时，将其顶端摘除。控制枝条生长，把养分集中在二次枝和结果枝的发育上。提高坐果率，对促进果实发育及当年产量有明显的效果。摘心程度应依据枝条强弱及着生部位而定，一般弱枝轻摘心，旺枝重摘心，空间大的轻摘心，空间小的重摘心。

（3）抹芽　5 月上旬待枣芽萌发后，对各级主侧枝、结果枝组间萌发的新枣头，如不作延长枝和结果枝组培养，应全部从基部抹除，以减少树体营养消耗，利于树体通风透光，提高果实品质。

（4）开甲　开甲就是在树干上进行环状剥皮。开甲后增产效果明显，不但能改善果实品质，还能促使果实成熟一致。开甲的时间以盛花期为宜，选择天气晴朗时进行。进入盛果期的树，干粗 10～30 cm 时，在距地面 30 cm 处开第一刀，宽度 1 cm 左右，扒至露出木质部为止。以后逐年上升，每次相距

5 ~ 8 cm。

（5）拉枝　在 5 ~ 7 月份进行拉枝，使枝条分布均匀，树冠内通风透光良好，对于增加产量、提高品质效果明显。

（6）枣头摘心　5 ~ 6 月份在新生枣头（非延长枝）尚未木质化时，保留 3 ~ 4 个二次枝，将顶梢剪去的一种方法。枣头摘心能促进枣头当年结果。

三、枣树丰产树形的整形

枣树喜光性强，对光照反应很敏感，要保证生产出优质的枣果，必须通过整形修剪培养良好的树体结构，扩大叶面积，提高光合强度，确保树冠通风透光，达到枝条合理分布，即上稀下密、外稀内密、大枝稀小枝密的立体结构，使树冠的内外均匀结果。结合枣树的生长结果特点、品种特性、栽培方式等，在生产上常采用的丰产树形有：小冠疏层形、开心形、主干疏层形、自由纺锤形、多主枝自然圆头形等。

（一）小冠疏层形

1. 树形结构特点

全树有主枝 5 ~ 6 个，分 3 层着生在直立中心干上。第一层 3 个主枝，第二层 1 ~ 2 个主枝，第三层 1 个主枝。主枝上直接生结果枝组，冠径不超过 2.5 m，干高 0.5 m，树高 2.5 m左右（图 5–9）。

图 5-9　主干分层形

2. 整形修剪技术要点

在距地面 50 ~ 70 cm 处，用截、疏二次枝，刻伤和撑、拉、拿、别等开张角度的技术措施，培养 3 个基角 80° 左右，水平角 120° 左右、长势均衡，层内距 10 ~ 20 cm 的主枝，主枝长 1.2 m 左右。在第 3 主枝以上 80 ~ 100 cm 处培养选留第 2 层主枝，第 2 层主枝再向上间隔 50 ~ 60 cm 培养第 3 层主枝。第 2 层、第 3 层主枝长度分别为 0.9 m 和 0.6 m 左右，基角（开张角）由 70° 缩小为 60° 左右。在培养选留第 2 层、第 3 层主枝的同时，再在第 1 层、第 2 层主枝的适当部位，培养 1 ~ 2 个中小型结果枝组。要注意让各主枝在主干上的分布互不重叠、同层主枝上的枝组的排列方向要保持一致，同一主枝上的相邻 2 个枝组除保持一段距离外，其延伸方向应相反。第 3 层主枝留好后，即可落头开心。

3. 树形优点

树体较小，成形较快，光能利用率高。主枝少，树体负载量大，易丰产，管理方便，适于亩栽 55 ~ 110 株密度的枣园。

（二）开心形

1. 树形结构

主干高 60 ~ 80 cm，树体没有中心主干；全树 3 ~ 4 个主枝均匀分配或错落着生在主干上，主枝的基角约为 40° ~ 50°，每个主枝上着生 2 ~ 4 个侧枝，同一主枝上相邻的 2 个侧枝之间的距离约为 40 ~ 50 cm，侧枝在主枝上要按一定的方向和次序分布，不相互重叠（图 5–10）。

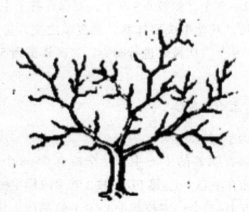

图 5–10　开心形

2. 树形优点

树体较矮，结构简单，光照良好，易于高产稳产；适于 2 m×3 m 或 2 m×4 m 及更高密度和干性弱的品种，稀植园也有应用。

3. 整形方法

苗木定植当年，于春季在距离地面 50 cm 左右留 4～5 个二次枝定干。选留 2～3 个方向不同的二次枝留 1～2 节重截，使主枝尽可能从二次枝上抽生，以开张角度，其余二次枝从基部剪除。第 2 年早春进行冬季修剪，对所选留的 2 或 3 个主枝，在距主干中心 80 cm 处短截，要特别注意树势的平衡，2 或 3 个主枝中，对强的主枝要剪短一些，对弱的主枝要适当长留。第 3 年在各主枝的另一侧再配置 1 个侧枝，对内部无空间的萌芽枝进行抹除，完成整形后的树体主枝 2～3 个，侧枝 6～9 个，要保证各个主枝和各个侧枝的生长，其他枣头要抹除。到夏秋之交，主枝延长枝生长到 7～9 个二次枝时进行摘心，二次枝长到 5～6 节时进行摘心。

（三）主干疏层形

1. 树形结构特点

疏层形有明显的中心主干，全树有 6～8 个主枝，分 2～3 层排布在中心干上。第 1 层主枝 3 个，第 2 层主枝 2～3 个，第 3 层主枝 1～2 个；主枝与中心主干的基部夹角约为 60° 左右；每个主枝一般着生 2～3 个侧枝，侧枝在主枝上按一定的方向和次序分页，第一侧枝与中心主干的距离应为 40～60 cm，同一枝上相邻的 2 个侧枝之间的距离约为 30～50 cm；第 1 与第 2 层之间层间距离为 80～100 cm，第 2 与第 3 层之间层间距为 60～80 cm；第 1 层的层内距为 40 ~ 60 cm，第 2 及第 3 层的层内距为 30 ~ 50 cm（图 5-11）。

图 5-11 主干疏层形

2. 整形方法

苗木栽植后，在距地面 0.8 ~ 1 米处定干，剪口下 30 ~ 40 cm 为整形带，在整形带一次枝全部疏除，促其萌芽新枝。当主枝长至 7 ~ 10 个二次枝时进行摘心，摘心时最顶部的二次枝方向朝外。第 2 年，从基部剪除顶部所留的二次枝，促其侧主芽萌发抽生直立枣头。对于第 1 层的 3 个主枝要适当进行短截，并疏除剪口下的二次枝，刺激主芽萌发抽生新枝，待新枝长到 6 个二次枝时摘心。同时，用拉枝、撑枝方法调整主枝角度和方向，主枝与中心主干夹角不大于 60°。第 3 年，在距第 1 层主枝 0.8 m 以上的新枝中选留主枝，间距

20～30 cm，培养出第2层主枝上、下2层主枝要插空错落着生，不能重叠。中心枝继续培养延伸，在第1层主枝上继续培养侧枝。当新枝长到4～6个二次枝进行摘心，对有空间的萌芽抽生的新枝，留3～5个二次枝摘心。第4年，培养第3层主枝1～2个。在第2层主枝上培养2～3个侧枝。

（四）自由纺锤形

1. 树形结构

干高40 cm，树高2.5～3.0 m，骨干枝8～12个、角度70°～80°，相邻骨干枝平均间距20～25 cm、枝条1.2～2.0 cm、基部3个骨干枝可以临近，但不能邻接，同向骨干枝最小间距40～50 cm，4～5年完成整形，适宜（2～3）m×（3～4）m的栽植密度（图5-12）。

图5-12　自由纺锤形

2. 整形技术要点

定植当年定于高度 50 ~ 70 cm。整形带距地面 40 cm 以上，主干延长头在 50 ~ 70 cm 时摘心。当年利用二次枝基部主芽萌芽发的枣头，在 50 ~ 60 cm 时摘心，通过拿、拉枝培养基角 70° ~ 80° 的骨干枝 2 ~ 3 个骨干枝平面角 120°，不能相邻；第 2 年春剪，在主干延长头顶端剪裁并将二次枝剪去，以萌芽主干延长头，主干延长头在 50 ~ 60 cm 时摘心。对上年主干延长头上的二次枝，自下向上每隔 20 ~ 25 cm 短截一个，截留长度 1 ~ 3 芽，促进枣股内的主芽萌芽长出枣头，长出的新生枣头在 50 ~ 60 cm 处摘心，并通过拿、拉枝培养基角 70° ~ 80° 的骨干枝 2 ~ 3 个。通过 4 ~ 5 年，培养 8 ~ 12 个骨干枝，树高控制在 2.5 ~ 3.0 m。

3. 树形优点

光照良好，丰产稳产，管理简便，易于人工采摘，树体更新容易。适于（2 ~ 3）m×（3 ~ 4）m 的栽植密度。

（五）多主枝自然圆头形

1. 树形结构特点

枝 5 ~ 6 个，呈不平状螺旋排列在较直立的中心主干上，不分层，不重叠；冠径不超过 2.0 ~ 2.2 cm；主枝长 1 m 左右，其上直接着生结果能力强的中小型枝组，枝组之间有一定的从属关系；干高 35 ~ 40 cm，树高 2.2 ~ 2.5 m。

2. 整形修剪技术要点

在距地面 40 cm 以上，每隔 25 ~ 30 cm 选择培养一个主枝。主枝下长（依株距而定）上短（60 cm 左右）形成下宽上窄呈圆锥形。

各主枝上结果枝组的留量一般下层 4 ~ 5 个，上层 3 ~ 4 个，每个结果枝组留 4 ~ 5 个二次枝摘心，结果枝组在主枝上互不拥挤，交叉重叠，树高生长达到要求后落头。

整形期间，对各主枝之间没有利用价值的交叉枝、直立枝等，应提早从基部疏除。结果枝组结果能力下降时，可从基部选留适当的枣头重新培养，也可重短截主枝，刺激隐芽萌发枣头，来培养新的主枝或结果枝组。

3. 树形优点

骨架牢固，负载量大，有利于早结果、早丰产，适宜于亩栽 110 ~ 220 株枣园采用。

（六）单轴主干形（圆柱形）

1. 树体结构

单轴主干直立，树高 2 m 左右，结果枝组直接着生于主干上，全树有枝组 8 ~ 12 个。结果枝组下强上弱，呈水平状均匀分布在主干周围。

2. 整形修剪技术要点

为了尽快形成单轴主干形，一是随着植株的生长，从地面以上 30 cm 左右处开始，在第一个二次枝的第 1、3 节内，选一外向型枣股进行短截或摘心，促进枣股（2 ~ 3）m×（3 ~ 4）m，然后间隔 1 个二次枝在第 3 个二次枝上选一外向型枣股进行摘心或短截，依次选留，二次枝生长健旺，长度达 60 cm 以上也可直接选留二次枝做结果枝组，这样可在第一年选择培养5～8个呈螺旋上升排列的结果枝组后,即对主干(枣头一次枝)进行短截或摘心。枣树落叶后至翌年春树液流动前,结合冬季修剪,疏去剪口下的第1个二次枝,促其基部主芽萌芽生长。春季修剪时,可在上年选择培养的二次枝基部隐芽的正上方,自上而下地以不同的程度切割1～3道,刻伤手术上轻下重,使预留枣股主芽萌发成向外延伸生组,结合必要的撑、拉、拿、别等开角技术,抹去生长较弱、位置不当和萌发较晚的嫩芽、嫩梢。经过3年的修剪,即可形成塔式单轴主干形。

3. 树形优点

枝组布局合理,通风透光良好,单位体积有效枣股数量多,有利于早结果、早丰产和采收管理,结果枝组便于更新,适于亩栽55株左右的枣园采用。

（七）单轴形

单轴形是山西果树研究所毕平等在高密园采用的丰产树形。

1. 树形结构

采用此树形与单个结果枝组无明显差异,树高0.8～1 m,其上有永久性二次枝8～10个,有效枣股40～50个。

2. 整形修剪技术要点

枣树定植当年定干高度60 cm或在嫁接口以上留一芽剪截,当年新生枣头长到预定的二次枝和枣股数量后及时摘心。第2年或第3年后,仅对主芽萌发的幼嫩新梢从基部3 cm以上摘心,使其形成2条木质化枣吊结果,并通过控制氮肥施用量和配方施肥,延长枣股结果年限,保持丰产稳产,当枣股主芽萌发数量有增加趋势后，或进行平茬，或结合促生分枝，构成新的丰产树形。

3. 树形优点

单轴形树体小，单位面积产量高，定植当年或第 2 年即可成形，修剪技术简便，适于亩植 740～1000 株枣园采用。

四、不同树龄时期枣树修剪技术

（一）幼树的整形修剪

幼树从定植到结果初期，顶芽萌发力强，自然分枝少，单轴延长生长，主干周围主要是枣头二次枝。自然生长的树干高，骨干枝少，骨架不牢靠，树冠形成年限长。为此，必须采用整形修剪技术，达到早形成树冠，早丰产的目的。

1. 修剪原则

以夏剪为主，冬剪为辅。促生分枝，选留强枝，开张角度扩大树冠，合理调节枝量，培养良好的树体结构，为早果、丰产奠定基础。

2. 修剪方法

幼树的整形修剪可根据枣树栽植方式，栽植环境条件等选择不同树形，完成树形结构培养。

（二）结果期树的整形修剪

1. 树体特征

生长丰产树形特点已确定，长势逐渐减弱，开始进入盛果期；枣树连年结果易衰老，树姿开张，枝端逐渐弯曲下垂；内膛枝及各级骨干枝的中下部二次枝易干枯死亡，造成结果部位外移、上移；枣股易衰老，枝组出现自然更新现象。

2. 修剪原则

疏截结合，抑强扶弱，集中营养，维持树势。疏除部分大枝、细弱枝，使枝条分布均匀，保持树冠具有良好的通风透光机构，有计划地复壮更新结果枝组，长期保持较高的结果能力，防止结果部位上移、外移，形成立体结果。

3. 修剪方法

（1）疏、缩、放结合维持树势　一般树高和冠幅达到要求的，对各级骨干枝或主枝不再延伸的新萌发枣头，结合夏剪及时疏除或留 2～3 个二次枝摘心，促其结果，如树势过旺，骨干枝顶端枣头多，难以控制时，可选择一强枝甩放，采用拿枝、拉枝或别枝等措施，开张角度，减缓营养生长，其余疏除，待 1～2 年后，从中下部选留的合理分枝外进行回缩；对树冠小，主干或骨干枝需要延长的可以进行中度短截，培养新枣头。若枣头细弱可重短截，刺激抽生强旺枣头枝（图 5-13）。

剪除

图5-13　剪除竞争枝

　　在骨干或主枝先端下垂，开始衰老、产量降低的情况下，应及时对骨干枝或主枝加重回缩，恢复树势，并从弓背处萌发的新枣头中培养更新枝，代替各级延长枝。

　　（2）更新结果枝组，做到树老枝不老　枣树结果母枝虽寿命长，但也要经过幼龄、中龄和衰老死亡3个阶段。一般鲜食品种枣股的结实力以2～5龄为最强。为合理搭配枝组，保持全树有较多的中龄枣股，就要不断地更新培养新的枝组。常用的方法有摘心、短截、回缩、培养。

　　结果枝组已达到要求的，对先端和二次枝中部枣股萌发的枣头，采取重摘心，仅留5～6个枣吊，及早从基部疏除，减少养分消耗，维持中下部较强的能力；对二次枝基部萌发的新枣头，有空间的可培养结果枝组，反之则疏除。进入衰老期的枝组，在中下部适宜位置，短截二次枝，促其萌生枣头，若在枝组中下部由潜伏芽或二次枝下部的枣股抽生健壮枣头时，可培养 1 ~ 2 年，然后疏除老枝组，实现以新换旧。
因树冠郁闭或树势弱时，在加强土肥水管理的基础上，可回
缩、重截衰老枝组先端，减少生长点，集中营养，刺激后部
或附近主枝或骨干枝上的隐芽萌发促生新枣头，培养新枝组。
衰老枝组附近萌出健壮枣头时，可进行摘心、拿枝或扭梢培
养为新枝组，若方向不适宜，可采用拉、别等措施调整枝位
（图 5-14）。

图 5-14 回缩衰老枝

（3）清除徒长枝，改善通风透光 进入盛果期的枣树，
随树龄增长和年产量的提高，树冠扩展逐渐减缓，各级骨干枝
或主枝先端易下垂，常造成中部弓背处萌生徒长枝，外围萌生
细弱枝，导致树冠郁闭，枝条交叉，重叠层次不清，影响通风
透光条件。所以，冬剪时应及早疏除干枯枝、病虫枝、徒长枝、
密生枝、回缩交叉枝、重叠枝，疏通光路、理清主次，减少营
养消耗（图 5-15）。

图 5-15　剪除重叠枝

（4）调节改造干枝　对主次不清、枝条紊乱、光合效能差的树体，在不影响当年产量的前提下，根据因树造型的原则，对一些无用或发展前途不大的主枝或骨干枝，有计划地逐年疏除或改造成结果枝组，使保留的各类枝条能按一定方向生长发育，改善冠内通风透光条件，提高产量（图5-16）。

图 5-16　培养新枝

（三）衰老树的更新复壮

1. 树体特征

枣树虽寿命长，但随着树龄的增大，长势逐渐衰退，结果枝组、主枝或骨干枝自然更新能力逐渐减弱，影响结实能力，产量减少。

2. 修剪原则

在加强土肥水管理的前提下，运用疏、截、缩的手法，大量清除衰老的结果枝组及各级骨干枝前部枝梢，抬高枝角，减少生长点，刺激骨干枝或主枝中下部的隐芽萌发粗壮发育枝，培养成新的结果枝组，恢复树势，最大限度地延长结果年限。

3. 修剪方法

依据树龄及生长的情况，更新修剪的方法一般为轻、中、重 3 种。以当年 12 月份至翌年 2 月底进行最好。

（1）轻更新　当树体刚进入衰老期，各级枝条生长已渐转弱，二次枝及枣股开始死亡，骨干枝有光杆现象出现，产量呈下降趋势，采取疏、缩、培养等手法进行轻更新，将中龄枣股所占比例由 60% 提高到 85% 以上。

疏：将交叉重叠的枝、病生枝、密生枝和病虫枝疏掉，改造冠内通风透光条件。

缩：将部分衰老骨干枝、主枝及结果枝组顶端回缩，抬高枝角，增强树势。对个别骨干枝、结果枝组整体衰老的，可采取重回缩，仅留基部 20～30 cm，集中养分，促发新枝。

培养：1～3 年生发育枝，依据空间大小选留 1～2 个发育枝或 3～5 个二次枝短截，复壮二次枝培养成中小型枝组。

（2）中更新　当树体显著变弱，二次枝大量死亡，骨干枝大部分光秃，产量急剧下降，进行中更新。原则是以截为主，疏、留为辅。对骨干枝一次全面更新。

截：将各级骨干枝或主枝截去原长的1/3，剪口留一侧芽最佳。辅养枝视其衰老程度而定。

疏：将交叉重叠、干枯及病虫的骨干枝或主枝疏除。

留：将全树原有枝量的50%～60%保留不剪，不仅树势恢复快而且当年还获得一定产量。

（3）重更新　一般有效枣股在300～500个时，要采取重更新的办法，同样选壮股和潜伏芽处，锯掉各骨干枝的2/3，使其萌生新枝，重新形成树冠，然后加强树上树下管理，养树2年（不开甲）即可恢复正常结果。

对老树进行更新，要注意主从关系，依序进行。剪口要用接蜡涂好，以免伤口龟裂，存雨水腐烂。骨干枝更新要一次完成，不可分批轮换进行。最重要的是，更新修剪应在加强地下肥水管理的基础上进行。

4. 更新后的管理

（1）加强伤口保护　由于枣树木质坚硬，伤口愈合能力差，冬剪结束后，伤口处应及时喷一次杀虫杀菌剂，并且用塑料薄膜包扎，以提高温度和湿度，促进伤口愈合。

（2）加强土肥水管理　为使老树尽快复壮，恢复产量，应加强土肥水管理，尤其要增施有机肥，做好土壤改良。

（3）加强夏剪　更新后导致隐芽大量萌芽，出现枝条混乱，层次不清，树冠过早郁闭，通风透光不良，开花少，坐果低，若不采取夏剪措施加以控制，就起不到更新复壮的作用。

五、放任枣树的改造

（一）幼树改造

近年来枣树发展很快，但幼树仍多放任生长，为了使幼树坐果丰产，就必须及早进行改造。下面介绍几种常见树形的改造方法。

（1）单轴形的改造　在放任生长和盲目修剪的情况下，有的枣树长到十几年呈单轴生长，群众叫"光杆司令"。对这种枣树的改造有 2 种方法：一是截干的方法，具体操作和幼树定干一样；二是用切割代替截干的方法，即在春季枣树萌动前，于截干部位环割干粗的 4/5，通过伤害刺激整形带内的隐芽抽生枣头，培养第一层主枝。

（2）双杈树的改造　双杈树可按开心形进行改造，其方法是先短截双杈枝枣头，控制其延伸生长，再在二杈枝的适当高度各选一个方位合适的主芽，然后进行刻伤，促进其萌发新的枣头，定向培养二级主枝，把双杈枝改造成具有四大主枝的开心形树形。

（3）偏冠形的改造　造成偏冠的原因是枣树连续朝一个方位弯曲的结果。对这种树可按主枝螺旋上升形进行改造。第一步把偏冠作为第一主枝处理，选留侧枝后剪除多余的枣头，同时控制其延伸生长；第二步是在靠近主干的弯曲处，采用刻伤的方法培育一个新的枣头，定向培育第 2 个主枝，以及再培养上一个主枝。

（4）抱头形的改造　所谓"抱头形"就是在进行缩头修剪，即任其自然生长，树干周围的许多枝条竞相生长，齐头并进，形似抱头。这种树营养生长旺盛，高生长势强，结果迟，结果少。对这种树可选一中心主枝按疏散分层形选留第一层主枝，也可按开心形选留3~4个主枝，多余的枝条要全部疏除。对留下的主枝要及时培养侧枝（或结果枝组），防止形成光脚枝。

（5）树上树的改造　树上树指的是在树冠上生长与树体极不相称的过旺枝，其特点是粗壮、高大，是徒长枝连年延伸生长的结果。这种树的大量养分被过旺枝吸收消耗，树势上强下弱，结果面积小，产量低。对这种树的改造，首先是过旺枝的处理，如果中心枝过旺，可进行缩头修剪，培养上一层主枝；如果过旺枝长在偏旁，可视其情况进行疏除或短截培养结果枝组。在处理好过旺枝的基础上，再进行其他骨干枝的调整。

（二）结果树的改造

进入结果期的枣树，在放任生长的情况下，多形成乱头形，主侧枝较多，内堂枝条细弱紊乱，主从关系不明，通风透光不良，干枯枝较多，结果部位少，且多集中在外围，产量低而不稳。对这种树应区别情况，分别对待。

（1）中心主枝明显的枣树，可选留1~2层主枝（5~6个），其余分年去掉。如果中心枝过高，应进行缩头修剪，培养上层主枝。

（2）中心主枝过弱，各主枝间长势又比较均匀，可选留3～5个主枝，改为开心形。

（3）中心主枝明显，但主枝疏散分布的可改造为主枝螺旋上升形。

在整形改造的基础上，还要搞好修剪，其方法与结果期枣树的修剪方法相同。

总之，对放任枣树的修剪，幼树要及早改造，培育理想的丰产树形；老树应及时更新，恢复树势，提高产量；结果期的枣树要整形改造与合理修剪相结合，使其稳产、高产和长寿。

第六章　枣树病虫害防治

病虫害防治，是枣树优质丰产的重要保证。在当前农业生态环境恶化的情况下，枣园病虫害越来越严重，并且不断有新的病虫种类对枣树生产构成威胁。然而，食品安全生产的要求，又促使枣果生产必须走无公害、绿色、有机生产的道路。因此，必须安全有效地对枣树的病虫害，进行无公害防治。

一、综合防治技术规程

枣树的主要病虫害有：枣疯病、桃小食心虫、红蜘蛛、枣尺蠖、枣镰翅小卷蛾、枣灰象甲、枣龟蜡蚧、蚱蝉等，这些害虫过去主要采用化学药剂防治。其综合防御技术为：

一刨、二刮、三设、四翻、五诱、六剪、七喷。

一刨，连根刨除枣疯病病株，并烧毁。

二刮，即刮树皮。根据枣镰翅小卷蛾的第三代幼虫有在树干粗皮裂缝中越冬的习性，冬季进行刮树皮、堵树洞，可消灭越冬蛹。

三设，即设置障碍物，把害虫消灭在上树前，具体做法是：

① 绑塑料裙带。惊蛰前，在树干基部绑 5 cm 宽的塑料胶带，并在干基部堆圆形土堆，阻止枣尺蠖雌虫上树产卵和枣飞象向上爬行。

② 画毒环。在 3 月中旬成虫羽化前，用溴氰菊酯笔在树干基部画双环，毒杀上树的尺蠖雌蛾和枣飞象。

③ 种植除虫菊。

四翻，即翻耕土壤，在叶落后，将枣园树盘翻耕，使得在土壤中越冬的虫翻出地面，被鸟啄食或冻干；3 月下旬，在整理水簸箕、鱼鳞坑的同时，对树盘进行深翻，将地面虫蛹（茧）埋入土层中或翻出地表，防止成虫羽化，压低虫口，减少危害。

五诱，即诱杀虫。分别在 4 月下旬和 7 月上旬，枣尺蠖和桃小食心虫羽化盛期，在林间设性诱器，减少雌雄交尾率，降低田间有效卵量起到防治目的。具体做法是：

① 性诱枣尺蠖：早春挖蛹培养，将羽化后未交尾的雌虫放在特制的小沙笼内，在林间树冠距地面 1.5 m 处悬挂在水盘中间，诱杀雄成虫。

② 性诱桃小食心虫：用截体为 500 mg 含量的天然橡胶塞性诱剂，用口径为 20 cm 的塑料碗盛满加有 1% 洗衣粉的清水，以 30 m 间距悬挂在枣林间，距地 1.5 m，诱芯距水面 1 cm。

③ 束草把诱集越冬害虫。9 月中、下旬，在枣树主干分叉处束草把，诱集枣镰翅小卷蛾越冬蛹，到秋季集中烧毁。

六剪，剪掉当年虫害枝条，消灭虫卵。在春、冬修剪时，剪去被当年枣龟蜡蚧、蚱蝉等害虫危害的枝条，及时烧毁。

七喷，即喷药物防治，选用生物源农药，植物源杀虫剂，不用人工合成化学农药。

二、主要病虫害及防治

（一）主要病害及其防治

1. 枣疯病（又名扫帚病、丛枝病）

（1）发生与危害　在我国各个枣区均有分布。枣树感病后，主要表现为叶片黄化，小枝丛生，花器返祖，果实畸形，根皮腐烂。幼树染病后，2~3年后死亡；成龄枣树染病后，产量逐年丧失，树势衰弱，数年后枯死。

（2）病原及发病规律　类菌原体（Mycoplasma-like Organism，MLO），是介于病毒和细菌之间的多形态质粒，无细胞壁，仅由厚度约10 nm单位的膜所包围。易受外界环境条件的影响，形状多样，大多为椭圆形至不规则形，一般直径为250~400 nm。枣疯病可通过嫁接和分根传播，经嫁接传播，病害潜育期在25天至1年以上。金丝小枣最易感此病。土壤干旱瘠薄及管理粗放的枣园发病严重（图6-1）。

图 6-1　枣疯病花叶

（3）发病因素　枣疯病的发病与下列因素有关：①枣疯病的发生流行和几种菱纹叶蝉的分布及猖獗发生密切相关。例如，有侧柏的坟地是菱纹叶蝉主要越冬繁殖的地方，故病株首先出现在有侧柏的坟地附近，越靠近侧柏林，枣树染病的机会越多。②发病与间作物品种有关。与小麦、玉米间作的水浇地枣园发病率高，为 14.4%；与花生、红薯或芝麻间作的沙岗旱地枣园，发病率低，为 3.6%。因间作小麦、玉米地适于传病昆虫菱纹叶蝉的越冬和繁殖，水浇地徒长枝多，易被侵染。后者则完全相反。③枣疯病病情与树龄大小有关。小于 20 年生

的幼龄树发病重，50～100年生的中老龄树发病轻。因为幼树
徒长枝多，利于传病的菱纹叶蝉取食，而结果大树，徒长枝少，
不利于传病昆虫取食。④发病与枣的品种有关。在河南产量最
高的扁核酸和灰枣感病最重，发病率可达70%。其次是广洋枣，
发病率为20%。九月青和鸡心枣发病较轻，为4%和5.9%。
灵宝枣发病最轻，仅为0.6%。⑤发病与管理水平有关。枣园
管理粗放，树势衰弱的发病重，反之发病则轻。

（4）防治方法 ①选培无病苗木。栽培、嫁接枣树时，
应选择无病虫的苗木和枝条。②挖除病株，补栽健苗。发现
病株及早连根刨除，栽上无病苗木。③喷药治虫。菱纹叶蝉
是该病的重要传毒媒介，应及时防治。方法是于5～9月份
在树上喷50%西维因可湿性粉剂800倍液，或者50%甲基
一六〇五1000倍液，10氯氰菊酯乳剂5000倍液，20%速灭
杀丁乳油3000倍液。④施入麦糠。对初病树，可在7月份
于树周围挖环状沟，施入麦糠75 kg以上，灌水封土。入冬
剪去病枝，半年可长出新枝叶，恢复正常生长。⑤涂去疯
灵。春季发芽时，于树干基部开一个环状小槽，深达韧皮部
的一半，将去疯灵涂满槽内，然后用塑料薄膜包严，隔2个
月再涂第二次。树干直径达20 cm的施8 g，直径达40 cm的
施16 g。

2. 枣铁皮病（又名缩果病、黑腐病）

俗称雾煊、雾燎头、干腰、黑腰、铁焦、火头等，是一
种严重危害枣树的果实病害。

（1）发生与危害 枣果感病后初期在果肩部或腰部出现

淡黄色斑块，边缘不清。后期病斑呈暗红色，失去光泽。病果的果肉由淡绿色转为黄色，果实大量脱水，组织萎缩松软，呈海绵状不死，进而果柄形成离层，果实提前脱水。

（2）病原及发病规律　病原在落果、落吊、落叶、枣股及其他枝条、树皮等部位，均可越冬，由风雨传播。6月下旬至7月上旬侵染果实，白熟期开始发病，8月下旬至9月下旬条件适宜时，大量发病。一般年份，着色期是发病高峰期。该病与降雨关系密切，高温、高湿、阴雨连绵或夜雨昼晴，有利于此病流行；空气湿度大的天气有利于发病。

（3）防治方法　①加强枣树管理，增强树势，提高树体抗病能力。同时，搞好果园卫生，在早春刮树皮，清扫落叶和落果等，予以集中深埋或烧毁。②枣树发芽前，对树体喷施3～5波美度的石硫合剂；从幼果期开始，每隔1周到10天，对树冠喷施50%的多菌灵800倍液、80%大生M-45可湿性粉剂600～800倍液等。

3.枣炭疽病（又名枣果腐烂病）

（1）发生与危害　分布于四川、云南、广西、贵州等省（区）及北方各枣区。以山西梨枣和新郑灰枣受害最重。炭疽病多在果实近成熟期发病，果实感病后常提早脱落，品质降低，严重者失去经济价值。灵宝枣区因炭疽病危害，一般年产量损失20%～30%，发病严重时损失高达50%～80%。该病除侵害枣树外，还能侵害苹果、核桃、葡萄、桃、杏、刺槐等。主要侵害果实，也可侵染枣吊、枣叶、枣头及枣股。果实受害，最初在果肩或果腰处出现淡黄色水渍状斑点，逐渐扩大成不规则形黄褐色斑块，斑块中间产生圆形凹陷病斑，病斑扩大后连片，呈红褐色，引起落果。病果着色早，在潮湿条件下，病斑上能长出许多黄褐色小突起，即为病原菌的分生孢子盘，分泌粉红色物质，即病原菌的分生孢子团。剖开落地病果发现，部分枣果由果柄向果核处呈漏斗形、变黄褐色，果核变黑。重病果晒干后，只剩枣核和丝状物连接果皮。病果味苦，不能食用。轻病果虽可食用，但均带苦味，品质变劣。

（2）病原及发病规律 半知菌亚门、胶胞炭疽菌。病原菌的菌丝体在果肉内生长旺盛，有分枝和隔膜，无色或淡褐色。直径 $3 \sim 4 \mu m$；分生孢子盘位于表皮下，大小（$213 \sim 142$）$\mu m \times 350 \mu m$，由疏丝状菌丝细胞组成；分生孢子盘上着生黑褐色的束状刚毛，刚毛长 $29.2 \sim 116.6 \mu m$，宽 $2.7 \sim 5.3 \mu m$，无分隔或一个分隔；分生孢子梗着生于分生孢子盘的顶部，无色，短棒状，单胞，长 $15 \sim 30 \mu m$、宽 $3.5 \sim 4.8 \mu m$。分生孢子长圆形或圆筒形，无色，单胞，长 $13.5 \sim 17.7 \mu m$，宽为 $4.3 \sim 6.7 \mu m$，中央有 1 个油球，或两端各有 1 个油球该病菌可在脱落的枣吊上检到，随风雨飞溅传播或昆虫带菌传播，如蝇类、蜡象类、叶蝉类等。

此外，杨树也可染病并携带病菌，以杨树为防护林的林带有加重此病发生的条件。据资料介绍，该病孢子在 5 月中旬前后有降雨时便开始传播，但此时离冬枣坐果期还早，往往在果实近白熟期发病（约 8 月上、中旬）。另据介绍，分生隐匿孢子在高温、高湿、多雨水情况下易于发生，最适萌发温度为

28 ℃ ~ 32 ℃，相对湿度为95%以上并补充一定糖分，在此适合条件下，不足10小时可完成侵染过程，潜育期一般3 ~ 13天，有时长达40 ~ 50天以上，具潜伏侵染性。据此，该病于7月前后，由迁移范围大、发生较重的刺吸式口器害虫带菌及接种有密切关系，也有资料介绍，炭疽病与缩果病合并发生是造成大量落果的原因，但也与刺吸式口器害虫危害有密切关系。在近成熟时发病较轻。

（3）防治方法　①降低菌源基数，减少病源。对树下枣吊、落叶、病果等及时清除，也包括附近刺槐树的落叶及相关染病树种的病果、枯死枝叶等。尽量不用刺槐防护林，改用其他树种。②农业栽培措施。见枣锈病部分介绍。③做好害虫防治，杜绝传播途径。对蜡象类、叶蝉类等刺吸式口器害虫做重点防治。④化学防治。于发病期前的6月下旬先用一次杀菌剂消灭树上病源，可选70%甲基托布津800倍液、50%多菌灵800倍液、40%新星乳油800倍液等；临近发病期可结合枣锈病防治，于7月中、下旬喷1次倍量式波尔多液200倍液或77%可杀得可湿性粉剂400 ~ 600倍液；发病期的8月中旬左右，选用1000万单位农用链霉素（兑水6 ~ 8 kg或10%多氧霉素1000倍液交替使用，并混入80%代森锰锌，可湿性粉剂800倍液或40%新星乳油10 000倍液（或甲基托布津多菌灵等，使用浓度见说明），每10 ~ 15天1次，至9月上、中旬一般结束用药。

4. 枣锈病

（1）发生与危害　枣锈病只危害树叶。发病初期，叶片背面多在中脉两侧及叶片尖端和基部散生淡绿色小点，渐形成暗黄褐色突起，即锈病菌的夏孢子堆。夏孢子堆埋生在表皮下，后期破裂，散放出黄色粉状物，即夏孢子。发展到后期，在叶正面与夏孢子堆相对的位置，出现绿色小点，使叶面呈现花叶状。病叶渐变灰黄色，失去光泽，干枯脱落。树冠下部先落叶，逐渐向树冠上部发展。在落叶上有时形成冬孢子堆，黑褐色，稍突起，但不突破表皮。

（2）病原及发病规律　在山东，一般年份在 6 月下旬至 7 月上旬降雨多、湿度高时开始侵染，7 月中下旬开始发病和少量落叶，8 月下旬大量落叶。7、8 月降水少于 150 mm，发病轻；降水达到 250 mm，发病重；降水量 330 mm 以上则枣锈病暴发成灾。在河北东北部，一般 8 月初开始发病，9 月初发病最盛，并开始落叶。发病轻重与降雨有关，在雨季早，降雨多、气温高的年份发病早而严重。地势低洼，排水不良，行间间种高粱、玉米或西瓜、蔬菜的发病较重。

根据检查此病为枣多层锈菌真菌引起的，侵染条件尚不十分清楚。枣芽中有多年生菌丝活动，病落叶上越冬的夏孢子和酸枣上早发生的锈病菌是主要的初侵染源。有试验证明，外来的夏孢子也是初侵染源之一，夏孢子随风传播，地势低洼，行间郁闭发病重，雨季早，降雨多，气温高的年份发病重，反之较轻。

（3）防治方法　分为农业防治和药物防治。

农业防治包括：① 加强栽培管理，行间不种高秆作物和西瓜、蔬菜等经常灌水的作物。② 冬春清扫落叶，集中烧毁，清除侵染源。

药物防治需要在发病初期，山东一般在 7 月初，将靓果安按 400～600 倍液稀释，同时添加一定量的渗透剂或内吸性较强的低毒化学药剂喷施，每 10～15 天喷施 1 次，连喷 2～3 次。发病园于 7 月上中旬喷 1∶2～3∶300 倍式波尔多液，30% 绿得宝悬胶剂 400～500 倍液或 20% 萎锈灵乳油 400 倍液，还可用三唑酮等高效杀菌剂防锈病。

5. 枣焦叶病

（1）发生与危害　该病分布于中国河南、甘肃、安徽、浙江、湖北等部分枣区，其中河南新郑枣区最为严重。主要表现在叶、枣吊上。发病初期出现灰色斑点，局部叶绿素解体，之后病斑呈褐色，周围呈淡黄色，半月后病斑中心出现组织坏死，叶缘淡黄色，由病斑连成焦叶，最后焦叶呈黑褐色，叶片坏死，部分出现黑色小点。病原 Gloeosporium frucrigenum 称为果生盘孢菌，属半知菌亚门真菌。有性阶段 Gfomerella cinglata 称为小丛壳菌，属子囊菌亚门真菌。

（2）病原及发病规律　主要以无性孢子在树上越冬，靠风力传播，由气孔或伤口侵染。5 月中旬平均气温 21 ℃、大气相对湿度 61% 时，越冬菌开始为害新生枣吊，多在弱树多年生枣股上出现，这些零星发病树即是发病中心。7 月份气温 27 ℃、大气相对湿度 75%～80% 时，病菌进入流行盛期。8 月中旬以后，成龄枣叶感病率下降，但二次萌生的新叶感病率颇高。9 月上中旬感病停止。在河南新郑枣区，6 月中旬个别叶发病，7～8 月为发病盛期。树势弱、冠内枯死枝多都有，发病重。发病高峰期降水次数多，病害蔓延速度快。水肥条件差，有间作物病害发生较重。前期投入不足，未施或少施基肥的枣园，水肥条件差，焦叶病发生严重。尤其是岗地、土壤偏砂性，有机质含量少，保水、保肥能力差，枣树生长势差，抵抗病害能力下降，病害发生较重。

（3）防治方法　冬季清园，打掉树上宿存的枣吊，收集枯枝落叶，集中焚烧灭菌。萌叶后，除去未发叶的枯枝，以减少传播源。加强肥水管理，增强树势。雨季防止枣园积水，保持根系良好的透气性，也能减轻或防止该病的发生。从6月上旬开始，喷施下列药剂：① 70% 甲基硫菌灵可湿性粉剂800～1000 倍液；② 50% 多菌灵可湿性粉剂 500～800 倍液；③ 77% 氢氧化铜悬浮剂 400～500 倍液；④ 2% 宁南霉素水剂 200～300 倍液等药剂，间隔 10～15 天喷 1 次，连喷 3 次，即可控制该病发生。

于落花后喷施下列药剂：25% 咪鲜胺乳油 1000～2000 倍液。

（二）主要虫害及其防治

1. 桃小食心虫

又名桃蛀果蛾、食心虫、钻心虫，属鳞翅目，蛀果蛾科（图6-2）。

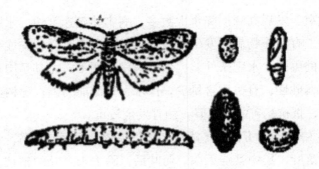

图6-2　桃小食心虫

（1）发生与危害　该虫在我国分布比较广泛，华中、华北、华东、西北和东北地区，均有发生，尤其以华北和西北枣区受害最重，是枣树上最严重的害虫之一。以幼虫蛀食方式危害枣果。幼虫蛀果后，从蛀果孔流出胶状物，随后伤口愈合，形成褐色圆形斑点，斑点进而凹陷。造成大量落果，果瘦小，无果肉，晒干后枣农俗称其为"干丁枣"。第一代或第二代幼虫危害果后，枣果一般不脱落，幼虫在果内潜食，排粪于果实内和枣核周围，不堪食用，造成严重损失，降低枣果的商品价值。

（2）形态特征　① 成虫：雌虫体长 7～8 mm，翅展 16～18 mm；雄虫体长 5～6 mm，翅展 13～15 mm，虫体白灰至灰褐色，复眼红褐色。雌虫唇须较长向前直伸；雄虫唇须较短并向上翘。前翅中部近前缘处有近似三角形蓝灰色大斑，近基部和中部有 7～8 簇黄褐或蓝褐斜立的鳞片。后翅灰色，缘毛长，浅灰色。翅缰雄 1 根，雌 2 根。②卵：椭圆形或桶形，初产卵橙红色，渐变深红色，近孵卵顶部显现幼虫黑色头壳，呈黑点状。卵顶部环生 2 ~ 3 圈 "Y" 状刺毛，卵壳表面具不规则多角形网状刻纹。③ 幼虫：幼虫体长 13 ~ 16 mm，桃红色，腹部色淡，无臀栉，头黄褐色，前胸盾黄褐至深褐色，臀板黄褐或粉红。前胸 K 毛群只 2 根刚毛。腹足趾钩单序环 10 ~ 24 个，臀足趾钩 9 ~ 14 个，无臀栉。④ 蛹：蛹长 6.5 ~ 8.6 mm，刚化蛹黄白色，近羽化时灰黑色，翅、足和触角端部游离，蛹壁光滑无刺。茧分冬、夏两型。冬茧扁圆形，直径 6 mm，长 2 ~ 3 mm，茧丝紧密，包被老龄休眠幼虫；夏茧长纺锤形，长 7.8 ~ 13 mm，茧丝松散，包被蛹体，一端有羽化孔，茧外表黏着土砂粒。⑤ 茧：分为冬茧和夏茧。冬茧，扁圆形，质地紧密；夏茧，纺锤形，质地疏松，一端有羽化孔。

（3）生活习性　生活习性一年一代，以老熟幼虫结茧在堆果场和果园土壤中过冬。过冬幼虫在茧内休眠半年多，到第 2 年 6 月中旬开始咬破茧壳陆续出土。幼虫出土后就在地面爬行，寻找树干、石块、土块、草根等缝隙处结夏茧化蛹。蛹经过 15 天左右羽化为成虫。一般 6 月中下旬陆续羽化，7 月中旬为羽化盛期至 8 月中旬结束。成虫多在夜间飞翔、不远飞，常停落在背阴处的果树枝叶及果园杂草上、羽化后 2 ~ 3 天产卵。卵多产于果实的萼洼、梗洼和果皮的粗糙部位，在叶子背面、果台、芽、果柄等处也有卵产下。卵经 7 ~ 10 天孵化为幼虫，幼虫在果面爬行，寻找适当部位后，咬破果皮蛀入果内。幼虫在果内经过 20 天左右，咬一扁回形的孔脱出果外，落地入土过冬。一般在树干周围 0.6 m 范围内过冬的较多，但山地果园因地形复杂、杂草较多，过冬茧的分布不如平地集中。桃小食心虫历年发生量变动较大，过冬幼虫出土、化蛹、成虫羽化及产卵，都需要较高的湿度。如幼虫出土时土壤需要湿润，天干地旱时幼虫几乎全不能出土，因此每当雨后出土虫量增多。成虫产卵对湿度要求高，高湿条件产卵多，低湿产卵少，有时竟相差数十倍，干旱之年发生轻。

（4）预测预报　①越冬幼虫出土期预测在树冠下5~6 cm深处埋入桃小食心虫茧100个或更多，4月上旬罩笼，每天检查出土幼虫数，预测幼虫出土期。②成虫发生期预测采用性诱芯诱集雄蛾的方法。每枚诱芯含性外激素500 μg，诱蛾的有效距离可达200 m远。成虫发生期前，在枣园内均匀地选择若干株树，在每株树的树冠阴面外围离地面1.5 m左右的树枝上悬挂1个诱芯，诱芯下吊置1个碗或其他广口器皿，其内加1%洗衣粉溶液，液面距诱芯高1 cm。注意及时补充洗衣粉液，维持水面与诱芯1 cm的距离，每5天彻底换水1次，20~25天更换1次诱芯。每天早上检查所诱到的蛾数，逐一记载后捞出，预测成虫发生期。

（5）防治方法　分为农业防治、性诱防治、人工防治和化学防治。

1）农业防治：①减少越冬虫源基数。在越冬幼虫出土前，将距树干1 m的范围、深14 cm的土壤挖出，更换无冬茧的新土；或在越冬幼虫连续出土后，在树干1 m内压3.3~6.6 cm新土，并拍实可压死夏茧中的幼虫和蛹；也可用直径2.5 mm的筛子筛除距树干1 m，深14 cm范围内土壤中的冬茧。②在幼虫出土和脱果前，清除树盘内的杂草及其他覆盖物，整平地面，堆放石块诱集幼虫，然后随时捕捉；在第一代幼虫脱果前，及时摘除虫果，并带出果园集中处理。③在越冬幼虫出土前，用宽幅地膜覆盖在树盘地面上，防止越冬成虫飞出产卵，如与地面药剂防治相结合，效果更好。

2）性诱防治：6月中旬，在枣林间悬挂人工合成桃小性诱剂诱芯，粘虫板，诱杀雄成虫，并具有干扰交配的作用。

3）人工防治：7月中旬至8月中旬，捡拾越冬代桃小食心虫危害的枣果，予以集中销毁，可消灭大量第一代幼虫。

4）化学防治：① 地面防治。撒毒土：用15%乐斯本颗粒剂2 kg或50%辛硫磷乳油500 g与细土15～25 kg充分混合，均匀地撒在一亩地的树干下地面，用手耙将药土与土壤混合、整平。乐斯本使用1次即可；辛硫磷应连施2～3次。地面喷药：用48%乐斯本乳油300～500倍液，在越冬幼虫出土前喷湿地面，耙松地表即可。②树上防治。防治适期为幼虫初孵期，喷施48%乐斯本乳油1000～1500倍液，对卵和初孵幼虫有强烈的触杀作用；也可喷施20%杀灭菊酯乳油2000倍液或10%氯氰菊酯乳油1500倍液或2.5%溴氰菊酯乳油2000～3000倍液。一星期后再喷一次，可取得良好的防治效果。

2. 枣尺蠖

又名枣步曲、顶门吃、弓腰虫、属鳞翅目，尺蠖蛾科。

（1）发生与危害　在我国各大枣区均有分布，是枣树主要叶部害虫之一。以幼虫取食枣叶为害。枣芽萌发吐绿时，初孵幼虫开始危害嫩芽，取食嫩叶。随着虫龄的增大，食量随之增加，将叶片吃成缺刻，严重的可将枣叶和花蕾，甚至枣吊，全部吃光，导致二次萌芽，有时连二次萌芽也被其危害，从而削弱树势，造成枣树大量减产，甚至绝收。它不但影响枣树当年的产量，而且妨碍枣树来年的结果。

（2）形态特征　①成虫：雌蛾体长 12～17 mm，灰褐色，无翅；腹部背面密被刺毛和毛鳞；触角丝状，喙（口器）退化，各足胫节有 5 个白环；产卵器细长、管状，可缩入体内。雄蛾体长 10～15 mm；前翅灰褐色，内横线、外横线黑色且清晰，中横线不太明显，中室端有黑纹，外横线中部折成角状；后翅灰色，中部有 1 条黑色波状横线，内侧有 1 黑点。中后足有 1 对端距。卵椭圆形，有光泽，常数十粒或数百粒聚集成一块。初产时淡绿色，逐渐变为淡黄褐色，接近孵化时呈暗黑色。②卵：扁圆形，径长 0.8～1 mm，初产时灰绿色，孵化前变为黑灰色，卵中央呈现凹陷时即将孵化。③幼虫：幼虫共分 5 龄，要经 4 次脱皮。第 1 龄和第 5 龄各 10 天左右，第 2～4 龄共 10 天。第 1 龄：初孵化时体长 2 mm，头大，体黑色，全身有 5 条环状白色横纹，行动活泼。第 2 龄：初脱皮体长 5 mm，头大，色黄有黑点，体绿色，出现白色横纹 7 条，环状纹仍未消失，但已褪为黄白色。第 3 龄：初脱皮体长 11 mm，全身有黄、黑、灰 3 色断续纵纹若干条，头部小于胸部，头顶有黑色点。头胸接近处为黄白色环状纹，各节与深灰色的环纹，气门已明显。行动敏捷，食量增加。第 4 龄：初脱皮体长 17 mm，头部比身体细小，淡黄色，生有黑点和刺毛，体有光泽，气门线为纵行黄色宽条纹，体背及体侧均杂生黄、灰、黑断续条纹，各节生有黑点。第5龄：初脱皮体长28 mm，老熟幼虫体长46 mm，最大长51 mm。头部灰黄色，密生黑色斑点，体背及侧面均为灰、黄、黑3色间杂的纵条纹。灰色纵条较宽，背色深，腹面色浅。气孔呈一黑色圆点，周围黄色。胸足3对，黄色，密布黑色小点，腹足及臀足各一对，为灰黄色，也密布黑色小点。个体间有的色深些，有的色浅些。1龄幼虫黑色，有5条白色横环纹；2龄幼虫绿色，有7条白色纵走条纹；3龄幼虫灰绿色，有13条白色纵条纹；4龄幼虫纵条纹变为黄色与灰白色相间；5龄幼虫（老龄幼虫）灰褐色或青灰色，有25条灰白色纵条纹。胸足3对，腹足1对，臀足1对。④蛹：纺锤形，雄蛹长16 mm，雌蛹长约17 mm。初为红色，后变枣红色。

（3）生活习性　年生1代，少数以蛹滞育1年而2年1代。以蛹在土中5～10 cm处越冬。翌年3月下旬，连续5日均温7℃以上，5 cm土温高于9℃时成虫开始羽化，早春多雨利其发生，土壤干燥出土延迟且分散，有的拖后40～50天。雌蛾出土后栖息在树干基部或土块上、杂草中，夜间爬到树上，等雄蛾飞来交配，雄虫具趋光性。卵多产在粗皮缝内或树杈处，每雌可产卵千余粒，卵期10～25天，一般桑发芽时开始孵化。幼虫共5龄，历期30天左右，幼虫可吐丝下垂，5月底到7月上旬，幼虫陆续老熟入土化蛹越夏和越冬。

（4）防治方法　①农业措施：结合枣树冬季管理，深翻枣园或挖树盘，消灭越冬虫蛹。②人工防治：在幼虫发生盛期（4月下旬至5月上旬），利用其假死性，以木杆击打枣树，使幼虫落地，予以人工捕杀或毒杀。③ 物理防治：阻止雌成虫、幼虫上树成虫羽化前在树干基部绑 15 ~ 20 cm 宽的塑料薄膜带，环绕树干一周，下缘用土压实，接口处钉牢、上缘涂上粘虫药带，既可阻止雌蛾上树产卵，又可防止树下幼虫孵化后爬行上树。粘虫药剂配制：黄油 10 份、机油 5 份、菊酯类药剂 1 份，充分混合即成。④ 化学防治：4月下旬至5月上旬，对树冠喷施 5% 高效顺反氯氰菊酯 1500 ~ 2000 倍液、灭幼脲 3 号 1500 ~ 2000 倍液，均可取得较好防治效果。⑤ 生物防治：保护天敌，利用益鸟、益虫自然控制害虫，降低该虫的虫口密度。

3. 旱食芽象甲

别名小白象、枣飞象、枣灰象、芽门虎，属鞘翅目、象甲科（图 6-3）。

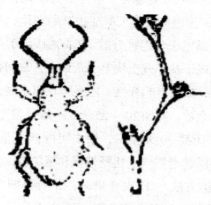

图 6-3 旱食芽象甲

（1）发生与危害　主要分布于河南、河北、陕西、山西、甘肃、辽宁等省枣区，是枣树上出现最早的叶部害虫之一。以成虫危害枣树的嫩芽或幼叶，严重发生时期能吃光全树的嫩芽，长时间不能正常萌发，迫使枣树重新复发，重新长出枣吊和枣叶，造成二次发芽，从而削弱树势，推迟生长发育，结"末喷枣"，严重降低枣果的产量和品质。幼叶展开后，成虫继而食害嫩叶，将叶片咬成半圆形或锯齿形缺刻。另外，它的幼虫在土中还危害植物的地下根系。

（2）形态特征　①成虫：体深灰色或土黄色，长4.5~4.7mm，头黑色，触角肘状，棕褐色，头宽喙短，喙宽略大于长，头部背面两复眼之间凹陷，前胸背板棕灰色，鞘翅卵圆形，长约是宽的两倍，有纵列刻点，有纵沟10条和散生褐斑。足腿节无齿，爪合生。②卵：长椭圆形，较小，初产时乳白色，表面光滑有光泽，后变为棕色，堆生。③幼虫：弯纺锤形，无足，前胸背板淡黄色，胴部乳白色，头部褐色。④蛹：裸蛹，纺锤形，初期乳白色，渐变淡黄色至红褐色。

（3）生活习性　一年发生一代，幼虫在地下土壤中越冬。第二年4月上旬化蛹，4月中旬至5月上旬是成虫羽化盛期，此时枣树萌芽时，成虫出土，危害严重。5月中旬气温较低时，该虫在中午前后危害最凶。成虫有假死性，早晨和晚上不活动，隐藏在枣股基部或树杈处不动，受惊后则落地假死。白天气温较高时，成虫落至半空又飞起来，或落地后又飞起上树。成虫寿命为70天左右。4月下旬至5月上旬，成虫交尾产卵，多在白天产卵，一般习惯将卵产在枣吊上或根部土壤内。5月中旬开始孵化，幼虫落地入土，在土层内以植物根系为食，生长发育。9月以后，入土层30 cm处越冬，春暖花开，幼虫上升，在土层10 cm以上，作球形土室化蛹。

（4）防治方法　①人工防治：利用该虫具有假死性，在成虫羽化期，早晨趁露水未干时，杆击枣树，可先在树冠下喷撒3%的辛硫磷粉或5%的西维因粉，每100 m²用药1 ~ 1.5 kg，使成虫落地触药死亡，进行人工捕杀或毒杀落地成虫。②物理防治：成虫出土前，在树上涂抹粘虫胶或绑缚长效胶带，结合防治枣步曲，阻止枣食芽象甲成虫上树为害。③化学防治：土壤处理，成虫出土前在树干周围利用辛硫磷300倍进行地面封闭，喷药后浅翻土壤，以防光解。树冠喷药：在成虫发生盛期（4月中下旬），采用50%辛硫磷1000倍、40%水胺硫磷1000 ~ 1500倍树冠喷雾，均有较好防效。5月下旬，在老熟幼虫将要下树入土时，在树干上涂一圈20 cm宽使用过的机油，可起到阻杀幼虫入土的作用。

4. 枣粘虫

又名卷叶虫、卷叶蛾、包叶虫、粘叶虫等，属鳞翅目、小卷叶蛾科。

（1）发生与危害　各枣区均有发生，是枣树叶部重要害虫之一。枣粘虫以幼虫食害枣芽、枣花、枣叶，并蛀食枣果，导致枣花枯死、枣果脱落，发生较重时会引起严重减产。虫口密度大的枣园，暴发成灾，使枣树如同火焚一样，造成绝收。

（2）形态特征　①成虫：体长5 ~ 7 mm，翅展13 ~ 15 mm，

体黄褐色，触角丝状，前翅前缘有黑色短斜纹 10 余条，翅中部有两条褐色纵线纹，翅顶角突出并向下呈镰刀状弯曲，后翅暗灰色缘毛较长。② 卵：扁椭圆形，初产时白色最后变成橘红色至棕红色。③ 幼虫：体长约 15 mm，胴体淡绿至黄绿色或黄色，头部红褐或褐色，并有黑褐色花斑，前胸盾片和臀片褐色并有黑褐色花斑，胸侧毛 3 根，臀栉 3～6 齿。④ 蛹：长约 7 mm，纺锤形，初期绿色后变黄褐色，羽化前变暗褐色，臀体 8 根、各节有两排横列刺突，蛹外披白色薄茧。

（3）生活习性　该虫因地区的不同，其一年中发生代数差别较大。在河北、山西、山东、北京、天津等每年 3 代，在河南、江苏 1 年发生 4 代，在河北 3 月中旬开始越冬蛹羽化为成虫。4 月上旬为羽化盛期并开始产卵，卵期约 15 天，4～5月间发生第一代幼虫正值枣树展叶期，幼虫集中为害幼芽和嫩叶，吐丝将叶粘合在一起幼虫居内为害，一头幼虫 4～5 天食坏一片叶，每头幼虫一生为害 6～8 片叶，大量粘叶在 5 月中下旬，幼虫老熟后即在卷叶内化蛹，5 月下旬至 6 月下旬出现第 1 代成虫。成虫产卵在枣叶上，每雌产卵约 60 粒，多者 130多粒，卵期约 13 天，成虫日伏夜出，有趋光性。第 2 代幼虫发生期在 6 月中旬，正值开花期，为害叶片、花蕾和幼果。第 2 代成虫发生期在 7 月间，第 3 代幼虫发生期在 8～9 月间，正值枣果着色期，危害叶片和果实。到 10 月份老熟爬到树皮缝内结茧在蛹内过冬。干旱年份危害严重。

（4）预测预报　从 3 月上中下旬开始，在枣林间隔 100 m 挂一个诱捕器，逐日统计诱娥数量，准确得出各代成虫的始期、盛期和末期。然后，根据成虫发生时期，推算出幼虫发生盛期。成虫发生高峰期与幼虫发生盛期一般相距为16～18天。

（5）防治方法　①人工防治：冬季刮树皮，消灭越冬蛹。枣粘虫越冬蛹以主干粗皮裂缝内最多，占73.49%；主枝次之，占20.27%；侧枝最少，占6.22%。因此，在冬、春两季，刮掉树上的所有翘皮并集中销毁，可消灭枣树皮下越冬蛹的80%～90%。②物理防治：黑光灯诱杀成虫秋季树干束草诱杀越冬害虫。幼虫越冬前（8月中下旬），在枣粘虫第三代老熟幼虫越冬化蛹前，于树干或大枝基部束33 cm宽的草帘，诱集幼虫化蛹，10月份以后取下草帘和贴在树皮上的越冬蛹茧集中销毁。③化学防治：当枣树嫩梢长到大约3 cm时（即第一代幼虫孵化盛期）是药剂防治的关键期。可用的药剂种类和浓度：2.5%溴氰菊酯乳油4000倍液、20%速灭菊酯乳油3000倍液、30%氧乐氰菊乳油3000倍液、80%敌敌畏乳油1000倍液、90%敌百虫1000倍液等。

5. 枣瘿蚊

又名枣芽蛆、卷叶蛆和枣蛆，属双翅目，瘿蚊科。

（1）发生与危害　该虫分布于全国各枣区，以山东、山西、河南、河北和陕西五大枣区危害最为严重，是枣树叶部主要害虫之一。以幼虫吸食枣树嫩叶叶液为害。枣瘿蚊的雌成虫，产卵于未展开的嫩叶空隙中，幼虫卵化后，即吸食嫩叶的汁液。叶片受刺激后两边纵卷，幼虫藏于其中为害。叶片受害后变为筒状，幼嫩叶会变得色泽紫红，质感而脆，不久即变黑枯萎。

一般以苗圃地苗木、幼树受害较严重。

（2）形态特征　①成虫：雌虫体长 1.4 ~ 2.0 mm；复眼黑色肾形；触角念珠状 14 节，黑色细长，各节近两端轮生刚毛；头部较小，头、胸灰黑色；腹背隆起黑褐色；胸背与腹部有 3 块黑褐色斑；全身密被灰黄色细毛；翅椭圆形，前缘毛细密而色暗；足细长 3 对，黄白色，腿节外侧的毛呈灰黑色，前足与中足等长，后足较长；腹面黄白、橙黄或橙红色，共 8 节，第 15 节背面有红褐色带，第 9 节延伸成一细长的产卵管，第 8 与 9 节间可以套缩。雄虫体型小于雌虫，体长 1.0 ~ 1.3 mm，腹节狭长 9 节。②卵：白色微带黄，长椭圆开幕有，长径约 0.3 mm，短径约 0.1 mm，一端削尖，外被一层胶质，有光泽。③幼虫：老熟幼虫体长 1.5 ~ 2.9 mm，明状，乳白至淡黄色，体节明显，头小褐色，胸部具琥珀色胸叉 1 个。④蛹长 1.0 ~ 1.9 mm，略呈纺锤形。初化蛹乳白色，后渐变黄褐色。头顶具一对明显的刺。触角、足、翅芽均清晰。腹部 8 节。雌蛹足短，伸达第 6 节；雄蛹足长，达腹末。茧长 1.5 ~ 2.0 mm，椭圆形，灰白色或灰黄色丝质，外附土粒。⑤茧：长椭圆形，灰白色，外附土粒。

（3）生活习性　枣瘿蚊在 1 年一般发生 5 ~ 7 代，以老熟幼虫在土内结茧越冬。翌年 4 月成虫羽化，产卵于刚萌发的枣芽上；5 月上旬进入为害盛期，嫩叶卷曲成筒，1 个叶片有幼虫 5 ~ 15 头，被害叶枯黑脱落，老熟幼虫随枝叶落地化蛹；6 月上旬成虫羽化，平均寿命 2 天，除越冬幼虫外，卵期 3 ~ 6 天，幼虫历期 8 ~ 13 天，蛹期 6 ~ 12 天，成虫寿命 1 ~ 3 天。喜在树冠低矮、枝叶茂密的枣枝或丛生的酸枣上危害，树冠高大、零星种植或通风透光良好的枣树受害轻。

（4）防治方法　①农业防治措施：结合枣树冬季管理，翻挖树盘，消灭越冬虫茧。②化学防治：树冠喷药防治，在幼虫危害高峰期喷施25%农地乐乳油1500～1800倍液，或48%的乐斯本乳油1200～1500倍液，均可取得较好防治效果。

6. 黄刺蛾

别名洋辣子、刺毛虫，属鳞翅目，刺蛾科。

（1）发生与危害　该虫在我国分布比较广泛，除贵州、西藏尚未见报道外，几乎遍及我国各个枣区。以幼虫为害，食性杂。初龄幼虫多在叶片背面取食叶肉，形成圆形透明的小斑，严重时，能将叶片吃成网状或将叶片吃成缺刻或孔洞，甚至只留叶柄及三主脉，严重影响树势和枣的产量。

（2）形态特征　①成虫：雌蛾体长15～17 mm，翅展35～39 mm；雄蛾体长13～15 mm，翅展30～32 mm。体橙黄色。前翅黄褐色，自顶角有1条细斜线伸向中室，斜线内方为黄色，外方为褐色，在褐色部分有1条深褐色细线自顶角伸至后缘中部；中室部分有1个黄褐色圆点；后翅灰黄色。②卵：扁椭圆形，一端略尖，长1.4～1.5 mm，宽0.9 mm，淡黄色，卵膜上有龟状刻纹。③幼虫：老熟幼虫体长19～25 mm，体粗大。头部黄褐色，隐藏于前胸下。胸部黄绿色，体自第二节起，各节背线两侧有1对枝刺，以第三、四、十节的为大，枝刺上长有黑色刺毛；体背有紫褐色大斑纹，前后宽大，一中部狭细成哑铃形，末节背面有4个褐色小斑；

体两侧各有 9 个枝刺，体例中部有 2 条蓝色纵纹，气门上线淡青色，气门下线淡黄色。④ 蛹：被蛹，椭圆形，粗大。体长 13～15 mm。淡黄褐色，头、胸部背面黄色，腹部各节背面有褐色背板。⑤ 茧：椭圆形，质坚硬、灰褐色，有长短不一的灰色纵条纹。

（3）生活习性　辽宁、陕西 1 年发生 1 代，北京、安徽、四川 1 年 2 代。合肥地区黄刺蛾幼虫于 10 月在树干和枝柳处结茧过冬。翌年 5 月中旬开始化蛹，下旬始见成虫。5 月下旬至 6 月为第一代卵期，6～7 月为幼虫期，6 月下旬至 8 月中旬为晚期，7 月下旬至 8 月为成虫期；第二代幼虫 8 月上旬发生，10 月份结茧越冬。成虫羽化多在傍晚，以 17～22 时为盛。成虫夜间活动，趋光性不强。雌蛾产卵多在叶背，卵做产或数粒在一起。每雌产卵 49～67 粒，成虫寿命 4～7 天。第一代幼虫 6 月中旬孵化，7 月份是危害期，8 月份是第二代幼虫危害盛期。其毒刺可分泌毒液。

（4）防治方法　① 人工防治：这是目前防治黄刺蛾主要采用的方法。结合冬季修剪和起苗，剪除树枝或枣苗上的越冬虫茧，以消灭越冬虫源。只要坚持人工防治，黄刺蛾就不会造成大的危害。② 化学防治：在幼虫发生期，可采用菊酯类农药 2000～3000 倍液，对树冠喷雾，予以杀毒。③ 生物防治：黄刺蛾的天敌主要有上海青蜂和黑小蜂等，可加以保护和利用。

7. 枣龟蜡蚧

又名日本龟蜡蚧、介壳虫和枣虱，属同翅目，蜡蚧科。

（1）发生与危害　该虫分布广泛，在辽宁、内蒙古、河南、河北、山东、陕西、安徽、湖南、江苏、江西、浙江、福建、四川、广东和台湾等地的枣区均有不同程度的发生。以幼虫、雌成虫吸食枝、叶、果、中汁液为害，使被害植株生长缓慢或停止生长。同时，该虫分泌大量糖质状排泄物，引起霉菌寄生，导致枣树枝叶果布满黑霉，严重影响光合作用，破坏叶内新陈代谢的过程，从而妨碍枝条、果实的正常发育，引起早期落叶、幼果枣落，树势衰弱，严重时刻导致植株部分或整株枯死，该虫是枣树叶部主要害虫之一。

（2）形态特征　①成虫：雌虫成长后体背有较厚的白蜡壳，呈椭圆形，长4~5 mm，背面隆起似半球形，中央隆起较高，表面具龟甲状凹纹，边缘蜡层厚且弯卷由8块组成。活虫蜡壳背面淡红，边缘乳白，死后淡红色消失，初淡黄后现出虫体呈红褐色。活虫体淡褐至紫红色。雄体长1~1.4 mm，淡红至紫红色，眼黑色，触角丝状，翅1对白色透明，具2条粗脉，足细小，腹末略细，性刺色淡。②卵：椭圆形，长0.2~0.3 mm，初淡橙黄后紫红色。③若虫：初孵体长0.4 mm，椭圆形扁平，淡红褐色，触角和足发达，灰白色，腹末有1对长毛。固定1天后开始泌蜡丝，7~10天形成蜡壳，周边有12~15个蜡角。后期蜡壳加厚雌雄形态分化，雄与雌成虫相似，雄蜡壳长椭圆形，周围有13个蜡角似星芒状。④蛹：梭形，长1 mm，棕色，性刺笔尖状。

（3）生活习性　年生1代，以受精雌虫主要在1~2年生枝上越冬。翌年春寄主发芽时开始为害，虫体迅速膨大，成熟后产卵于腹下。产卵盛期：南京5月中旬，山东6月上中旬，河南6月中旬，山西6月中下旬。每雌产卵千余粒，多者3000粒。卵期10~24天。初孵若虫多爬到嫩枝、叶柄、叶面上固着取食，8月初雌雄开始性分化，8月中旬至9月为雄化蛹期，蛹期8~20天，羽化期为8月下旬至10月上旬，雄成虫寿命1~5天，交配后即死亡，雌虫陆续由叶转到枝上固着为害，至秋后越冬。可行孤雌生殖，子代均为雄性。

（4）防治方法　①人工防治：结合冬季修剪，人工刮除枣树低枝上的越冬雌成虫或剪除虫量较大的枣枝，并集中烧毁，以消灭越冬虫源。也可在冬季结冰时，用木棍敲击树枝，将越冬雌成虫连同冰块一起击落，予以消灭。②化学防治：根据虫情测报，在虫卵孵化盛期喷施15%蓖麻油酸盐碱800~1000倍液；若已形成蜡壳，则可喷施40%速扑杀2000~3000倍液。这两种药液防治效果均好。③生物防治：枣龟蜡蚧的天敌有瓢虫类和草蛉类捕食性天敌昆虫，以及小蜂类和霉菌类寄生性天敌。保护和利用这些天敌，对该虫有显著抑制作用。

8. 枣瘿螨

又名枣壁虱、枣叶壁虱和枣锈壁虱，属蜱螨目，瘿螨科。

（1）发生与危害　该虫在我国分布比较广泛，尤其以在河南、河北、山西、山东、甘肃、宁夏、安徽和浙江等地的枣区，危害最为严重，是枣树叶部主要害虫之一。以成、若螨危害叶片、花蕾、花及果实。枣叶被害后，叶片基部和沿叶脉部位，首先出现轻度灰白色，严重时，叶缘枯焦，早期脱落。花蕾及花受害后，逐渐变褐，干枯凋落。果实受害后，一般多在梗洼和果肩部的被害处出现银灰色锈斑，或形成褐色"虎皮枣"，即果皮粗糙不平。这是枣壁虱危害留下的伤口愈合组织。轻者影响果实正常发育，重者可导致枣果凋萎脱落，枣叶受害后呈灰白色，光合速率明显降低，光合产物大幅度减少，严重影响树体的生长和枣果的发育。

（2）形态特征　①成螨：体长约 0.15 mm，宽约 0.06 mm，楔形。初为白色，后为淡褐色，半透明。足 2 对，位于前体段。胸板盾状，其前瓣盖住口器。口器尖细，向下弯曲。后体段背、腹面为异环结构，背面约 40 环，前、中、后各具 1 对粗壮刚毛，末端有 1 对等长的尾毛。②若螨：白色，初孵时半透明。体形与成螨相似。③卵：圆球形，乳白色，表面光滑，有光泽。

（3）生活习性　该虫世代因地理位置而异，山东枣庄地区年 10 代左右，以成螨、若螨在枣股鳞片或枣枝皮缝中越冬，具有代数多、繁殖快。死亡率高、抗逆力强、蔓延迅速、分布面广、难于控制的特点。春天枣芽萌发时，越冬螨开始活动、聚集取食，密度小时，多集中在枣叶北面三主脉两侧，活动半径基甚小，但有借风力迁移的习性，故扩散较快。6 月中旬达危害高峰期，气温高、大气温度相对低时，不利该中心发育，7～8 月螨由叶片向芽鳞转移度夏，进而越冬。

（4）防治方法　①人工防治：结合冬季管理，刮除老翘树皮，并集中烧毁，以消灭越冬虫源。②化学防治：在 5 月末或 6 月初枣树始花期，喷 40% 氧化乐果乳油 1500 倍液或 20% 三氯杀螨醇乳剂 1000 倍液。这两种不同性质的药剂，最

好要交叉使用，可以延缓该害螨抗药性的产生，还可喷波美
0.3～0.5度石灰硫黄合剂。喷药时，应注意树冠内膛和叶片背
面的喷药。只要喷药及时、严密细致，便可控制该螨的发生危害，
保证枣实产量和质量。

9. 绿盲蝽

又名牧草盲蝽，属半翅目，盲蝽科（图6-4）。

（1）发生与危害 分布于黄河流域、长江流域枣区。
以若虫危害枣树幼芽、嫩叶及花蕾。以成虫和若虫危害叶片、
花蕾、花及果实。被害叶片先出现枯死小点，进而变成不规
则的小洞，俗称"破叶疯"。受害花蕾停止发育而枯落，严
重时几乎全树无花开放。

图6-4 绿盲蝽

（2）形态特征 ① 成虫：成虫体长 5 mm，宽 2.2 mm，
体黄绿至绿色。前胸背板深绿色，布许多小黑点，前缘宽。
前翅膜片半透明暗灰色，余绿色。足黄绿色。② 若虫：初孵

时绿色，复眼桃红色。2龄黄褐色，3龄出现翅芽，4龄超过第1腹节，2、3、4龄触角端和足端黑褐色，5龄后全体鲜绿色，密被黑细毛；触角淡黄色，端部色渐深。眼灰色。③卵：长约1mm，长形，稍弯曲，端部尖，中前部粗，黄绿色。

（3）生活习性 北方年生3～5代，运城4代，陕西泾阳、河南安阳5代，江西6～7代，以卵在棉花枯枝铃壳内或苜蓿、蓖麻茎秆、茬内、果树皮或断枝内及土中越冬。翌年春3～4月旬均温高于10℃或连续5日均温达11℃，相对湿度高于70%，卵开始孵化。第1、2代多生活在紫云英、苜蓿等绿肥田中。成虫寿命长，产卵期30～40天，发生期不整齐。成虫飞行力强，喜食花蜜，羽化后6、7天开始产卵。非越冬代卵多散产在嫩叶、茎、叶柄、叶脉、嫩蕾等组织内，外露黄色卵盖，卵期7～9天。6月中旬棉花现蕾后迁入棉田，7月达高峰，8月下旬棉田花蕾渐少，便迁至其他寄主上为害蔬菜或果树。果树上以春、秋两季受害重。主要天敌有寄生蜂、草蛉、捕食性蜘蛛等。

（4）防治方法 ①枣树萌芽前在树上喷5波美度的石硫合剂。②4月中下旬枣树近萌芽时，向树上喷布48%的乐斯本乳油1200～1500倍液等。③10月中旬左右，虫口密度大时，喷药杀灭成虫，减少产卵量。

10. 红蜘蛛

红蜘蛛又名红蜘蛛，属为蜱螨目，叶螨科。

（1）发生与危害 该虫分布广泛，是近年来对水地枣树危害程度严重的主要害虫之一。若成螨或螨危害叶片、花蕾、花及果实。幼树和根蘖苗受害最为严重。该虫多集中在叶片北面主脉两侧刺吸汁液为害。叶片被害后出现淡黄色斑点，并有一层丝网粘满尘土，叶片渐变焦枯。花蕾和花受害后，枯萎脱落。枣果受害后，失绿发黄，萎缩脱落，严重影响枣的产量。

（2）形态特征　①成螨：雌有冬、夏型之分，冬型体长 0.4～0.6 mm，朱红色有光泽；夏型体长 0.5～0.7 mm，紫红或褐色，体背后半部两侧各有 1 大黑斑，足浅黄色。体均卵圆形，前端稍宽有隆起，体背刚毛细长 26 根，横排成 6 行。雄体长 0.35～0.45 mm，纺锤形，第 3 对足基部最宽，末端较尖，第 1 对足较长，体浅黄绿至浅橙黄色，体背两侧出现深绿长斑。若白至橙黄色。②卵：圆球形，橙红色或淡黄色。③若螨：刚孵出时为圆形，黄白色。有前、后期之分。前期体小，背具刚毛，初现绿色斑点；后期体形增大，体色淡绿，背部黑斑明显。

（3）生活习性　该螨一年发生 8～9 代，以受精的雌螨在树皮缝内或根际处土缝中越冬。第二年春季天暖时活动产卵，6 月中旬为危害期，7～8 月份可成灾。阴雨连绵对螨的生长发育、繁殖及蔓延有一定的控制作用。9～10 月份转枝越冬。

（4）防治方法　①人工防治：结合冬季管理，刮除老翘皮，集中焚毁，消灭越冬虫源。②化学防治：枣树萌芽前喷施 5 波美度的石硫合剂，对该虫的发生有一定控制作用。或在该虫危害高峰期，喷施牵牛星 2000～3000 倍液、杀螨利果 2500～3000 倍液、40% 硫悬浮剂 300～500 倍液，均对害螨有较好的防治效果。虫口密度大的枣林，可连喷 2～3 次，每隔 10～15 天喷一次。

11. 豹纹木蠹蛾

豹纹木蠹蛾又名咖啡蠹蛾或截干虫等，属鳞翅目，豹蠹蛾科。

（1）发生与危害　该虫在我国分布广泛，是枣树枝干主要害虫之一。以幼虫蛀食枣树枝干为害。幼虫初期从叶柄基部或枣吊基部，蛀入木质部，造成枣吊枯死。随着虫龄的增加而转移到枣头嫩枝或基部的髓心木质部为害，均从主孔向先端部分蛀食，导致蛀孔至端部枝条枯死。有时也危害二次枝或幼树主干，导致幼树整株死亡。

（2）形态特征　①成虫：雌蛾体长 20～38 mm，雄蛾体长 17～30 mm，前胸背面有 6 个蓝黑色斑点。前翅散生大小不等的青蓝色斑点。腹部各节背面有 3 条蓝黑色纵带，两侧各有 1 个圆斑。雌蛾触角下半部为双栉状，上半部线性。②卵：长圆形，初为黄白色，后变棕褐色。③幼虫：体长 20～35 mm，赤褐色。前胸背板前缘有 1 个近长方形的黑褐色斑，后缘具有黑色小刺。④蛹：体长约 30 mm，赤褐色，腹部第二节至第七节背面各有短刺两排，第八腹节有 1 排。尾端有短刺。

（3）生活习性　豹纹木蠹蛾一年发生 1 代，以幼虫在枝条内越冬。翌年春季枝梢萌发后，再转移到新梢为害。被害枝梢枯萎后，会再转移甚至多次转移为害。5 月上旬幼虫开始成熟，于虫道内吐丝连缀木屑堵塞两端，并向外咬一羽化孔，即行化蛹。5 月中旬成虫开始羽化，羽化后蛹壳的一半露在羽化孔外，长时间不掉。成虫昼伏夜出，有趋光性。于嫩梢上部叶片或芽腋处产卵，散产或数粒在一起。7月份幼虫孵化，多从新梢上部腋芽蛀入，并在不远处开一排粪孔，被害新梢3~5天内即枯萎，此时幼虫从枯梢中爬出，再向下移不远处重新蛀入为害。一头幼虫可为害枝梢2~3个。幼虫至10月中、下旬在枝内越冬。

（4）防治方法 ①人工防治：5月上旬结合枣树林间管理，修剪枯枝。凡枣头干枯不萌发者，在枯枝下 20~30 cm 处剪枝，并集中焚烧。②物理防治：在成虫发生期，可在林间用黑光灯或火堆诱杀成虫。③化学防治：幼虫孵化后，在其钻入枝中之前，喷施20%杀灭菊酯2000~3000倍液，予以毒杀。

12. 蚱蝉

蚱蝉又名黑蝉，属同翅目，蝉科。

（1）发生与危害 该虫在全国各地枣区均有分布，尤其以黄河故道地区虫口密度最大，是枣树树干主要害虫之一。该虫对枣树的危害有3种方式：一是以若虫在地下吸食枣树根部汁液方式危害；二是以成虫刺吸枣树枝条、枣果汁液方式危害；三是在产卵时刺伤枝条表皮，造成枝条因失水而枯死。

（2）形态特征 ①成虫体长 40~48 mm，翅展 125 mm。全体黑色，有光泽，背有金属光泽。复眼淡赤褐色。头的前缘中央及颊上方各有黄褐色斑一块。中胸背板宽大，中央有黄褐色"X"形隆起。前后翅透明。前翅前缘淡黄褐色，基部黑色，亚前缘室黑色，前翅基部 1/3 黑色，翅基室黑色，具一淡黄褐色斑点；后翅基部2/5黑色，翅脉淡黄色及暗黑色。足淡黄褐色。雄性腹部第一、二节有鸣器，雌性无鸣器，有听器，腹瓣很不发达，产卵器显著而发达。卵长椭圆形，微弯曲；长约2.5 mm，宽0.5 mm；乳白色，有光泽。若虫黄褐色，具翅芽，能爬行，一龄的前足即表现为明显的开掘式；末龄若虫体长35 mm，黄褐色，前足开掘式，翅芽非常发达。②卵：长椭圆形，乳白色。③若虫：淡褐色，体形近似成虫。前足腿节发达，有齿，翅芽发达。

（3）生活习性　蚱蝉发生一代。一般未孵化的幼虫在树枝越冬。枝条上的蚱蝉卵于次年开始孵化，初为卵孵化期。幼虫随着枯枝落地或卵从卵窝掉在地，爬到树干及植物茎秆蜕皮羽化。成虫栖息在树为产卵盛期。以卵越冬者，翌年6月孵化若虫，并落入土中生活，秋后向深土层移动越冬，来年随气温回暖，上移刺吸为害。孵化出的若虫立即入土，在土中的若虫以土中的植物根及一些有机质为食料。若虫在土中一生多次，生活数年才能完成整个若虫期。在土壤中的垂直分布，以土层居多的若虫，有些则能达到30 cm～1 m甚至更深。生长成熟的若虫于傍晚由土内爬出，多在下完雨且柔软湿润的晚上掘开泥土，通过吸食植物柄部或幼嫩枝梢的营养凭着生存的本能爬到树干、枝条、叶片等可以固定其身体的物体上停留。单眼间距小于到复眼间的距离；复眼较突出；后唇较突出，有较浅的复眼腹面与后唇基之间有喙管。前、后翅不透明，前翅不食不动，约经半小时或者更长时间的静止阶段后，其背上面直裂一条缝蜕皮后变为成虫体软，翅皱缩，后体渐硬，色渐深，翅展平，小振翅飞或爬树梢活动。一年老熟若虫开始出土羽化为成虫，若虫出土羽化在一天中，夜间羽化最多。另外，凌晨羽化一次，成虫经交尾后开始产卵，卵主要产在枝条之间。

（4）防治方法　①人工防治：枣果采收前，人工剪掉已枯凋的蝉卵枝，并集中焚烧灭卵，或雨后人工捕杀出土的若虫。②物理防治：成虫发生期，夜间在枣林间点火，同时摇树，使成虫飞入火中烧死，也可用黑光灯诱杀。③化学防治：结合防治桃小食心虫，同时兼治蚱蝉。

三、枣树病虫害的无公害防治技术

（一）无公害防治

为全面贯彻"预防为主，综合防治"的植保方针，要以改善果园生态环境、加强栽培管理为基础，优先选用农业和生态调控措施，注意保护利用天敌，充分发挥天敌的自然控制作用。选用高效生物制剂和低毒化学农药，并注意轮换用药，改进施药技术。最大限度地降低农药用量，以减少污染和残留，保证枣果质量符合国家标准。要以农业和物理防治为基础，生物防治为核心，按照病虫害的发生规律，科学使用化学防治技术，有效控制病虫危害。

1. 农业防治

采取剪除病虫枝、清除枯枝落叶、刮除树干翘裂皮、翻树盘、地面秸秆覆盖、科学施肥等措施抑制病虫害发生。

2. 物理防治

根据害虫生物学特性，采取糖醋液、树干缠草绳、震频式杀虫灯和黑光灯等方法诱杀害虫。

3. 生物防治

人工释放赤眼蜂，保护瓢虫、草蛉、捕食螨等天敌，土壤施用白僵菌防治桃小食心虫、枣尺蠖、枣粘虫等，利用昆虫性外激素诱杀或干扰成虫交配。

4. 化学防治

根据防治对象的生物学特征和危害特点，推广使用生物源农药、矿物源农药、低毒有机合成农药，有限度的使用中毒农药，全面禁止使用剧毒、低毒有机合成农药，全面禁止使用剧毒、高毒、高残留农药。根据天敌发生特点，合理选择农药种类、施用时间和施用方法，保护天敌。严格按照规定的农药种类、使用浓度和使用次数、间隔时间等方面，使用农药，不使用未核准登记的农药。注意不同作用机制的农药交替使用和合理混用，以延缓病菌和害虫产生抗药性，提高防治效果。坚持农药的正确使用方法，施药力求均匀周到。

（二）无公害农药的种类

无公害农药，是指对人、畜及各种有益生物毒性小或无毒，易分解，不造成对环境和农产品污染的高效、低毒、低残留、安全的农药。根据全国农技中心 2001 年 7 月 1 日公布的《农业部全国农技中心关于印发无公害农产品生产推荐农药品种和植保机械名单的通知》（农技植保〔2002〕31 号）文件，介绍无公害农药如下：

1.杀虫、杀螨剂

（1）生物制剂和天然物质　苏云金杆菌、甜菜夜蛾核多角体病毒、银纹夜蛾核多角体病毒、小菜蛾颗粒体病毒、茶尺蠖核多角体病毒、棉铃虫核多角体病毒、苦参碱、印楝素、烟碱、鱼藤酮、苦皮藤素、阿维菌素、多杀霉素、浏阳霉素、白僵菌、除虫菊素和硫黄。

（2）合成制剂　①菊酯类：溴氰菊酯、氟氯氰菊酯、氯氟氰菊酯等。氨基甲酸酯类，如硫双威、丁硫克百威、抗蚜威等。②有机磷类：辛硫磷、毒死蜱、敌百虫、马拉硫磷、乐果、三唑磷、倍硫磷、丙溴磷、亚胺硫磷等。③昆虫生长调节剂：灭幼脲、氟啶脲、氟铃脲、氟虫脲、除虫脲等。④专用杀螨剂：哒螨灵（茶叶上不能使用）、四螨嗪、唑螨酯、三唑锡等。⑤其他类：杀虫单、杀虫双、杀螟丹等。

2.杀菌剂

（1）无机杀菌剂　碱式硫酸铜、王铜、氢氧化铜、氧化亚铜、石硫合剂。

（2）合成杀菌剂　代森锌、代森锰锌、福美双、乙磷铝、多菌灵、甲基硫菌灵、噻菌灵、百菌清、三唑酮、三唑醇、戊唑醇、腐霉利、异菌脲、霜霉威、霜脲氰·锰锌等。

（3）生物制剂　井冈霉素、农抗120、菇类蛋白多糖等。

（三）禁止使用的农药

根据原中华人民共和国农业部第199号公告，国家明令禁止使用六六六（HCH）、滴滴涕（DDT）、毒杀芬（Camphechlor）、二溴氯丙烷（Dibromochloropane）、杀虫脒（Chlordimeform）、二溴乙烷（EDB）、除草醚（Nitrofen）、艾氏剂（Aldrin）、狄氏剂（Dieldrin）、汞制剂（Mercurycompounds）、砷（Arsena）、铅（Acetate）类、敌枯双、氟乙酰胺（Fluoroacetamide）、甘氟（Gliftor）、毒鼠强（Tetramine）、氟乙酸钠（Sodium Fluoroacetate）、毒鼠硅（Silatrane）等农药。并规定甲胺磷（Methamidophos）、甲基对硫磷（Parathion-methyl）、对硫磷（Parathion）、久效磷（Monocrotophos）、磷胺（Phosphamidon）、甲拌磷（Phorate）、甲基异柳磷（Isofenphos-methyl）、特丁硫磷（Terbufos）、甲基硫环磷（Phosfolan-methy1）、治螟磷（Sulfotep）、内吸磷（Demeton）、克百威（Carbofuran）、涕灭威（Aldicarb）、灭线磷（Ethoprophos）、硫环磷（Phosfolan）、蝇毒磷（Coumaphos）、地虫硫磷（Fonofos）、氯唑磷（Isazofos）、苯线磷（Fenamiphos）等高毒农药，不得用于蔬菜、果树、茶叶、中草药材上。

第七章 红枣裂果霉变防控

在红枣主产区，特别是黄河流域枣区，9～10月多发生连阴雨天气，正值红枣果实成熟期，遇雨发生大量裂果，以果柄为中心向外沿果肩向下呈放射状、纵条状深裂，随着降雨时间的增加，裂痕自上而下染病造成烂果，而后落果。裂果、烂果给生产造成严重的经济损失。

一、红枣裂果霉变及其影响因素

裂果霉变是制约我国红枣产业发展的主要瓶颈。由于红枣成熟时大多产区处于降雨季节，雨量较多，使大量红枣果实出现裂果、霉烂。一般年份，由于得不到及时采收、烘烤等处理而腐烂的枣果占到15%～30%。如果在红枣成熟季节遇到连阴雨，霉烂会更加严重，可达70%以上甚至绝收，造成了严重的经济损失。

2001年以来，陕北枣区与我国北方枣区一样，降雨频率增加，特别是脆熟采收期的降雨频率增加，降雨量增多。近10年来，陕北枣区在成熟脆熟期降雨明显增加，超过木枣抗裂果的极限降雨量（40～50 mm）的年份也明显增加，有些年份该时段的降雨量超过100 mm，造成严重的裂果、烂果和霉变，损失十分严重。

（一）红枣裂果的原因

枣果生长发育的脆熟期，遇到连续干旱气候，如若枣园得不到及时灌溉，此时果肉细胞处于严重的水分亏缺状态，如遇连阴雨，根系、叶片和果面会大量吸水，使果肉组织迅速膨胀，而受高温干燥损害的果皮组织却不能伴随果肉的增大，两者之间增长的平衡被破坏，果皮承受不住果肉组织的膨压而导致裂果。

（二）红枣裂果霉变的过程

笔者团队研究发现，红枣成熟期降雨，造成裂果、霉变，主要经历 3 个阶段或过程。

第一阶段：干裂期。成熟期降雨，造成枣果纵裂、横裂或不规则裂，多表现为只有裂纹没有霉菌，称为干裂。这个阶段的红枣多为脆熟期或脆熟后期，维持时间因天气情况而不同，降雨后接着天气晴好，维持时间较长；但连续降雨则很快进入下一个时期——霉菌滋生期。干裂期的红枣若及时采收烘烤，烘制的红枣基本正常，没有霉菌。

第二阶段：霉菌滋生期。随着降雨的继续，果面裂纹处浸水，霉菌开始滋生，这个阶段的红枣多为脆熟后期，外观上可以看到果面裂纹处变黑，此期若采收烘烤，烘制的红枣还可以食用，但霉菌可能超标；若该期红枣自然晾晒，霉菌超标。

第三阶段：浆果霉变期。随着降雨的继续，因果面裂纹处长期浸水，从果面裂纹处果肉开始浆烂，霉菌滋生，果实失去食用价值；很快浆头烂果落地，滋生霉菌肉眼明显可见，果实完全失去食用价值。

（三）影响红枣裂果的因素

影响红枣裂果的因素很多，也比较复杂，主要有以下因素。

1. 品种特性

大部分品种的红枣遇雨产生裂果，但品种间存在抗裂差异，如骏枣、壶瓶枣、晋枣、蛤蟆枣、团枣、脆枣等品种遇雨容易裂果，抗连阴雨的能力很低，一般在 1 天左右。木枣、相枣、阎良相枣等品种抗裂果性较强，一般能耐 3 天的连阴雨。有些品种因早熟或晚熟，可以避过雨季，不发生裂果或裂果较轻。

2. 枣园立地条件和管理水平

枣园土壤结构疏松或沙壤土，排水良好的枣园裂果的程度就轻，否则裂果就较严重；枣园管理水平好，特别是排灌水平高，在前期枣树生长发育期能够及时灌水，并具有良好排水系统的枣园裂果程度较轻。

3. 脆熟期降雨的时间及降雨量

若短时间遇大雨，雨后天晴，果面很快干燥，裂果一般较少。长时间小雨，雨后果面阴湿凝露，就会引起严重裂果。连阴雨不仅使果皮和根系大量吸水，更重要的是长时间的连阴使枣树的蒸腾作用严重受阻，蒸发量降低，枣树通过根系大量吸水，使果内水分聚集导致裂果。

4. 枣果的含糖量

枣果在接近成熟时含糖量最高，果皮变薄弹性降低，由韧变脆，吸水能力增强，遇连阴雨天气，吸水后膨压增大，果面即开裂，果肉外露，枣果腐烂，失去食用价值。

5. 枣果的钙、钾等矿质及微量元素

枣果生长发育期如缺乏激素和矿质元素钙、钾，果皮厚度和韧性就较差。矿质营养与裂果有密切关系，其中氮、钾、硼、镁含量偏低，裂果较重。

二、红枣裂果的防治

（一）选择抗裂果的品种

在新建园时要选择抗裂品种，如制干品种中的相枣、阎良相枣、木枣中的抗裂无性系，以及鲜食品种的蜜罐新 1 号、冷白玉等，或者在黄河沿岸温湿度较高地区，选择成熟较晚的品种，以避过阴雨季。

（二）加强枣园土、肥、水管理

枣园土壤管理，主要是秋季和春季枣园深翻，改善土壤结构，提高土壤保水性能。有条件的枣园要做到适合灌水。

增施有机肥时，要适量增施富含氮、钾、硼、钙、镁的圈肥、草木灰，并在枣果膨大期追施磷、钾、钙、镁的复合肥或微肥。

增加幼果生长前期土壤水分或灌水，以防土壤骤干、骤湿。枣园土壤覆盖，可保持土壤适当含水量，减轻裂果。合理修剪，可改善通风透光条件，利于雨后果面迅速干燥。

（三）抗裂剂防治裂果

目前，市场上防裂剂很多，各种防裂剂在降雨量少于30 mm以内，都有一定的效果，但当降雨量超过一定范围，防裂效果降低。在设施防雨比较困难的山地枣园，提倡多使用抗裂剂，通常使用的抗裂果剂有氯化钙或螯合钙。一般在7中旬或果实膨大期喷0.3%的氯化钙水溶液，以后每隔10~20天喷一次，连喷3次，或者在幼果期喷施氨钙宝2~3次。

（四）烟熏防霉烂

连续阴雨天，雾大量出现，在枣林区，燃草放烟驱雾，防止红枣霉烂。

（五）设施防雨

在地势比较平坦的枣园，可以搭建防雨设施防止裂果，搭建防雨棚可以就地取材，可用水泥杆、木杆、塑钢、竹竿等搭建。一般有3种类型，即单行式、多行式和联体式防雨棚。

1. 单行式防雨棚

将用钢材焊接成的三脚架，固定在树行两头，在三脚架上拉五道或三道铁丝，在雨季来临之前搭上塑料膜。这种防雨棚通风透光效果好，成本较低，但行边易淋上雨，防雨效果较差。

2. 多行式防雨棚

每3~5行搭建一个中间高、两边低的塑料棚，在枣果成熟期盖上塑料膜达到防雨的目的。多行式防雨棚搭建简单，防雨效果好。这种防雨棚也可以在春节早扣棚，进行温棚栽培，使枣果提前成熟上市。

3. 联体式防雨棚

多个单行式或多行式防雨大棚连在一起，大棚面积覆盖整个枣园，这种防雨棚节省材料，但揭盖塑料比较麻烦。

另外，韩国采用现代化自动防雨棚，进行设施防雨，确保红枣的丰产丰收。该防雨棚可以自动供应水肥，实施水肥一体化供应；通过雨量感应器对降雨的感应，在成熟期降雨时，可自动关闭防雨棚，起到设施防雨的作用。该防雨棚对于花期降雨，成熟期高温灼伤都能发挥重要作用，确保红枣的丰产、丰收，高效生产。

三、红枣的适时采收和智能烘烤

陕北红枣裂果霉变防控，主要包括3个方面的内容：①通过气象部门准确的气象预测预报，发布降雨量和降雨时间段的预报信息抢收红枣进行烘烤。②红枣的适时采收。根据红枣的成熟情况，确定适宜的采收时间和采收技术和方法。③红枣智能烘房的研制与应用。通过阶段性循环脱水技术，从而防止红枣在成熟期遇阴雨天气而引起的裂果霉烂损失。

（一）准确预测，筹备烘烤

在红枣成熟前，根据当地气象部门准确预报，发布脆熟采收期（一般是9月25日到10月15日）的降雨频率和降雨量。

当降雨频率大、降雨多时，积极准备红枣采收和烘烤事宜，购置燃料，确定采收果园等工作。

红枣的烘烤条件（烘炉）必须提前建造，目前主要有3种烤炉：一是传统烤炉，大小各异，基本原理是火墙式烘炉，它的热效率和烘烤效率都很低，燃料为煤；二是水暖或蒸汽烘炉，成本较高，烘烤效率也不高，燃料仍为煤；三是密集型智能烘炉，由西北农林科技大学红枣试验站和神田电子有限公司联合研发，有加热室（热风炉、换热器组成）、烘烤室（烤盘、烤架组成）、循环鼓风系统（循环鼓风机、进风门和排湿窗组成）、温湿度控制系统等部分组成，具有装载量大智能控制——不须翻盘、热效率和烘烤效率高等优点。

（二）红枣的适时采收

红枣成熟期遇雨采收，包括采收时间、采收对象和采收方法3个部分。

1. 采收时间

在红枣脆熟到完熟期间，根据气象部门的准确预报，陕北最好在超过50 mm连阴雨之前采收；雨后采收，最好在枣果干裂期采收。没有阴雨的自然情况下，最好在红枣充分完熟后采收，制干的红枣品质上乘，外观美观。

2. 采收对象

脆熟期采收的红枣，制干后不如完熟期采收的制干品质好，但这只是防灾减灾的权宜之计。所以，在阴雨来临前采收，特别是脆熟期采收，一般选择中等偏上的枣园和采收便利的枣园，这样采收的红枣品质中等偏上。采收量一般为产量的 1/4 ~ 1/3，确保在阴雨年份减产不减收，也可避免因预报不准造成红枣品质下降。采收量要与烘烤条件匹配。

3.采收方法

连阴雨之前采收或雨后干裂期采收，最好用红枣采收网采收。雨后采收，确保树上和枣果上没有雨滴或露水，以免带水采收，不利于烘烤而降低红枣品质。

（三）红枣的标准化烘烤

红枣密集智能烘房，也称红枣智能烘房。智能烘房具有装载量大、智能控制、热效率和烘烤效率高等优点。是新一代智能、高效、节能红枣烘房。

附录 1　红枣的全年管理

榆林市枣树综合管理年历

1—2 月　休眠期

休眠期是修剪的良好时期，主要疏除过密枝、直立枝、交叉枝、重叠枝、竞争枝和病虫害枝，保持合理的结果枝组结构。对衰老树进行树冠回缩更新或植株更新，即回缩骨干枝到有新生（枣头）发育枝的部位，定向培养发育枝成为骨干枝组。新生发育枝可采用疏密留稀、疏直留斜定向培育，促进形成结果冠形。

3 月　树液流动期

3 月中下旬为树液流动期，为第一次防虫期。在惊蛰前，树干基部扎 10 cm 宽的塑料"围裙"，塑料"围裙"下缘至地面堆成光滑的土堆；涂抹粘虫胶防止雌蛾上树产卵；幼虫发生期，用杆击树，使幼虫落地，人工捕杀。

4 月　萌芽期

4 月份为萌芽期，为施肥的适期，结合翻耕，采用撒施、环状沟或辐射沟（沟宽和深均为 30 cm）法施入有机肥。修以树为中心的蓄水盘，梯田则打高边，以拦截雨水。有灌溉条件的枣园可浇一次催芽水。

4 月中下旬是枣树嫁接（劈接或皮接）的良好时节。

4 月下旬山旱地枣园于早晚树上喷施 5% 植物除虫菊素乳油 1500 倍液，防治枣飞象成虫。

5 月　展叶期

5 月为枣树展叶期，是防虫的关键时期。上旬对树冠喷 1.8% 阿维菌素乳油 2500 倍液防治枣尺蠖、枣蟆翅小卷蛾、枣飞象、枣瘿蚊。

5 月中下旬打足芽，结果枝组上生出的徒长性发育枝，从基部剪除，每 7 ~ 10 天一次，共进行 2 ~ 3 次。偏冠树从结果枝组上萌发的发育枝选一旺盛枝，填补空间，调整偏冠，扩大结果部位，其余无用芽一律抹掉。嫁接好的枣树注意抹芽。

6 月　花期

6 月份为花期，上旬为初花期，中下旬为盛花期。花期管理、夏剪和食心虫的防治是关键。

花期管理：有灌溉条件的枣园，于 6 月中旬浇一次水，并施一次促花肥。要充分利用自然降水，及时修补树盘蓄水坑，过度高温干旱时在早晚向树冠喷清水，防止焦花，促进坐果。

修剪：对树冠空余处萌发的发育枝，去弱留强。通过扭、拉、撑等办法培养骨干枝组。对弱枝、延长枝、更新枝进行剪心。

虫害防治：根据测报，在桃小食心虫出土高峰期对树冠喷施 5% 阿维菌素乳油 3000 倍液。在枣林间悬挂人工合成桃小诱芯粘虫板。

7 月　幼果膨大期

7 月份为幼果膨大期。有条件的枣园可于 7 月上旬浇水一次，并施有机速效肥，促进果实膨大。同时做好第二代枣镰翅小卷蛾幼虫和枣红蜘蛛的防治。喷 200 ~ 300 倍液石灰倍量式波尔多液预防枣锈病（干旱年份可不防）。

8 月　果实生长期——白熟期

根据虫情，喷 0.5% 苦参减水剂 1000 倍液防治第三代枣镰翅小卷蛾幼虫和桃小食心虫。人工剪除蚱蝉产卵危害枝，集中烧毁。

晚熟枣品种继续加强水肥管理，促进果实的生长。

9 月　脆熟期

9 月份枣果陆续进入脆熟期。鲜食品种进入采收期，注意适时采收。

在树干分叉处捆草把诱集枣镰翅小卷蛾越冬蛹。落叶后，解除烧毁。

制干枣品种，在 9 月下旬若遇连阴雨天气，提前准备烘烤炉，提前采收烘烤，防止烂果。

10 月　完熟期

10 月上旬进入完熟期，即枣果采收期。用竿击落时，注意垂直敲打结果主枝，以免损伤结果枝（即二次枝）。采回的枣果要及时通风晒制或进行烘烤。

采后加强枣树的土肥水管理。有灌溉条件的枣园及时浇一次透水，结合枣园深翻，施足基肥。基肥最好在采果后落叶前施入，基肥以厩肥、堆肥等农家肥为主，采用环状沟或辐射沟法施入，施肥后覆土。

11—12月　休眠期

11月份枣树进入休眠期。上旬（也可在10月份进行）深翻枣园，使在土壤中越冬的桃小食心虫、枣飞象、枣尺蠖幼虫暴露于地表并冻死，以降低冬虫口密度。先将树干上诱集枣镰翅小卷蛾越冬蛹的草把集中烧毁；刮取树干上的粗翅皮，并混药树干涂白，消灭树皮裂缝中越冬的枣镰翅小卷蛾蛹。剪除树干上日本龟蜡蚧或枣球坚蚧的高密度枝。彻底挖除枣疯病植株。

附录 2　常用林业药剂的配置

一、石硫合剂的熬制及使用方法

石硫合剂是用生石灰、硫黄加水熬制而成的，三者最佳的比例是 1∶2∶10。熬制时必须用瓦锅或生铁锅，使用铜锅或铝锅会影响药效。熬制的具体方法是：首先，加足水量将水烧开，用少量热水调制好的硫黄糊自锅边慢慢倒入，同时进行搅拌，并记下水位。然后，将石灰破碎成鸡蛋大小的块，慢慢加入，加入的速度以不溢锅为准，待加完所有石灰后，加大火力熬煮，沸腾时开始计时（保持沸腾 40～60 分钟），熬煮中损失的水分要用热水补充，当锅中溶液呈深红棕色时，则可停止燃烧。最后，进行冷却过滤或沉淀后，清液即为石硫合剂原液。

（1）要随配随用 石硫合剂的有效成分为多硫化钙，熬制好的原液，最好一次性用完，不宜久置。如果一次用不完，可装在小口缸或坛子里，原液上面滴少许煤油，使药液与空气隔离，再封闭坛口贮存待用。

（2）忌盲目施用。

（3）忌随意提高使用浓度 石硫合剂在使用时还应该注意药液浓度，要根据植物的种类、病虫害对象、气候条件、使用时期等不同而定，使用前必须用波美比重计测量好原液度数，根据使用浓度计算出每千克石硫合剂原液稀释到使用浓度需加水量。计算公式为：

$$加水量（千克）=\frac{原液浓度}{使用浓度},$$

冬季气温低，植株处于休眠状态，使用浓度可高些；夏季气温高，植株处于旺盛生长时期，使用浓度宜低。在果树生长期，不能随便提高使用浓度，否则极易产生药害。一般情况下，石硫合剂的使用浓度，在落叶果树休眠期为 3~5 波美度；在旺盛生长期以 0.1~0.2 波美度为宜。

（4）忌随意混用　石硫合剂为碱性，不能与波尔多液等碱性药剂等混用，否则会发生药害。一般喷洒波尔多液后间隔 15~30 天再喷洒石硫合剂，或者喷洒石硫合剂后，间隔 15~30 天喷洒波尔多液。

（5）忌长期连用　在果园长期作用石硫合剂，最终将使病虫生抗药性，而且使用浓度越高病虫抗药性形成越快。因此，在果园使用石硫合剂，应与其他高效低毒药剂科学轮换，交替使用。

有些果树对石硫合剂比较敏感，使用后容易引起药害。例如，李树喷施石硫合剂，就会抑制花芽分化，造成来年减产。一般情况下，冬季对梨、杏、柿、桃、葡萄、柑橘等果树使用石硫合剂，不会发生药害。果树休眠期和早春萌芽前，是使用石硫合剂的最佳时期，石硫合剂不宜在果树生长季节气温过高（> 30 ℃）时使用。

二、波尔多液配制方法及注意事项

1. 配制方法

配制原料为硫酸铜、生石灰及水,其混合比例要根据作物对硫酸铜和石灰的敏感程度、防治对象以及用药季节和气温的不同而定。生产上常用的波尔多液比例有:硫酸铜石灰等量式(硫酸铜:生石灰＝1:1)、倍量式:(1:2)、半量式(1:0.5)、多量式[1:(3~5)]和少量式,用水量,用水一般为 160~240 倍。所谓半量式、等量式和多量式等波尔多液,是指石灰与硫酸铜的比例。而配制浓度 1%、0.8%、0.5% 等,是指硫酸铜的用量。例如,施用 0.5% 浓度的半量式波尔多液,即用硫酸铜一份、石灰 0.5 份,水 200份配制,也就是 1:0.5:200 倍波尔多液。

配制过程中,可按用水量一半溶化硫酸铜,另一半溶化生石灰,待完全溶化后,将两者同时缓慢倒入备用的容器中,不断搅拌;也可用 10%~20% 的水溶化生石灰,80%~90%的水溶化硫酸铜,待其充分溶化后,采用稀铜浓灰法,反应在碱性介质中进行,将硫酸铜溶液缓慢倒入石灰乳中,边倒边搅拌使两液混合均匀即得天蓝色波尔多液,此法配成的波尔多液质量好,胶体性能强,不易沉淀。要注意,切不可将石灰乳倒入硫酸铜溶液中,否则易发生沉淀,影响药效。可用一个大缸,2 个瓷盆或桶。先用 2 个小容器化开硫酸铜和石灰。然后,2 人各持一容器,缓缓倒入盛水的大缸,边倒边搅拌,即可配成。

2. 注意事项

（1）配制用的生石灰必须质量好，应选用白色块状的新鲜优质生石灰，质量不好的不能用。不要用风化的生石灰，块状生石灰可放在大缸或塑料袋内封闭贮藏。如果没有块状生石灰，也可以过滤在石灰池内的建筑用石灰，但应除掉表层，用量要加一倍；硫酸铜要天蓝色，不带绿色或黄绿色。

（2）硫酸铜在冷水中溶解缓慢，为了提高工作效率，可先用少量热水使硫酸铜完全溶解后再按配量将水加足。

（3）不能用金属容器盛放波尔多液，喷雾器用后，要及时清洗，以免腐蚀而损坏。原因：波尔多液中含有硫酸铜，化学性质比铜活泼的金属会把它从溶液中置换出来，使其变质。例如，铁会发生以下反应：

$Fe + CuSO_4 = Cu + FeSO_4$，

铝会发生以下反应：

$2Al + 3CuSO_4 = 3Cu + Al_2（SO_4）_3$。

（4）浓的波尔多液不可再加水稀释。一次配成的波尔多液是胶悬体，相对比较的稳定，若再加水则会形成沉淀或结晶而影响质量，易造成药害。

（5）不可将浓石灰水倒入稀硫酸铜中，这样配成的波尔多液极不稳定，易出现沉淀；也不能将浓硫酸铜倒入石灰水中，配成的波尔多液质量差。

（6）波尔多液配成后，将磨光的铁钉或铁片在药液里浸泡1~2分钟，取出后，以不产生镀铜为好，如钉上有暗褐色铜离子，需在药液中再加一些石灰水，否则易发生药害。

佳油 1 号

佳油 1 号（果实图）

当年嫁接的佳油 1 号

佳油 1 号（枣花图）

葭州大酸枣

葭州大酸枣（果实图）

标准化酸枣园

领导视察葭州酸枣园

鲜食品种园

嫁接三年生蛤蟆枣

鲜食品种嫁接

糯糯冬枣示范园

年生嫁接酸枣

李新岗指导酸枣园建设

嫁接野生酸枣基地

野生酸枣育苗

高级工程师李晓霞记录
佳县油枣生长状况

佳县油枣挂果情况

佳县油枣枣疯病

屈志成观察桃小食心虫

佳县木枣

山地红枣

大棚红枣

雾炮车防虫

七月鲜红枣

蟠枣

陕北野生酸枣

蜂蜜罐枣

领导考察枣芽茶生产

红枣林下养蜂

林木良种证

（审　定）

良种名称　佳油 1 号

树种　　枣

学名　　*Ziziphus jujuba* 'Jiayou 1hao'

良种编号　陕 S-SV-ZJ-013-2020

适宜推广生态区域

适宜在陕北枣产区及其相似生态区推广应用。

编号:（2020）第013号　　发证机关 陕西省林业局

2021 年 10 月 27 日

佳油 1 号林木良种证

林木良种证

（审 定）

良种名称　葭州大酸枣

树种　　酸枣

学名　*Ziziphus jujuba var. spinosa 'Jiazhou dasuanzao'*

良种编号　陕 S-SV-ZJZ-014-2020

适宜推广生态区域

适宜在陕北枣产区及其相似生态区推广应用。

编号：（2020）第014号　　发证机关　陕西省林业局

2021 年 10 月 27 日

葭州大酸枣林木良种证